WORLD OF
RAILROAD
CROSSING

踏切の世界

旅鉄
BOOKS
PLUS

chokky 著

イカロス出版

CONTENTS

本書で掲載している踏切について、取材後に更新・改良されている場合があります。ご了承下さい。

CHAPTER 4

おもしろ踏切アラカルト

はじめに

「まーた踏切に引っ掛かっちゃったよ。最悪!!」

鉄道ファンや小さな子どもでもない限り、人々にはこんなふうに日々煙たがられている踏切たち。しかし、踏切には鉄道線路によって分断されている街をつなぎ、通行するすべての列車・自動車（車両）・人々の安全を守る大切な使命があります。

本書では、「こんなのあるの？」という変わった踏切や「自動車ではない何か」が通る踏切などをご紹介します。合わせてQRコードで記載されている、筆者のYouTube動画「変な踏切大集合!!」シリーズにて実際の動きをご覧いただけます。

「あの部品は何？ 踏切にも種類があるの？」本書独自の企画として、踏切を構成する一つ一つの部品についても、機能やバリエーションなどを解説していきます。

また、鉄道保安設備メーカーである東邦電機工業株式会社への取材も実現。踏切設備の進化に加え、最新の設備にかける踏切メーカーの熱い思いや多くの工夫を、皆さまにご紹介します。

「踏切に引っ掛かるのが楽しみ！」

「引っ掛かっちゃったけどちょっと待ってみるかぁ」

本書を読み終えたあと、きっと皆さまにこんなふうに思っていただける1冊です!!

踏切を現地で見学される方へのお願い

踏切は我々愛好家にとって楽しい場所ですが、一歩間違えれば悲惨な事故が発生する大変危険な場所でもあります。事故が発生した場合や列車を停めてしまった場合、鉄道利用者や運営する鉄道事業者に多大な迷惑がかかり、「踏切閉鎖」ということにもなりかねません。そうなると、地域全体に迷惑をかけてしまいます。

踏切を通行する際には左右をしっかり確認しましょう。警報機が鳴り始めたら安全な位置まで速やかに離れて、絶対に線路内にとどまらないようにしましょう。

警報機のない踏切では『時刻表』などであらかじめ、ある程度の通過時刻のメドを立て、列車が通過する時刻が近づいたら早めに安全な位置に移動しましょう。それ以外の時刻であっても、耳でも列車の「音」に注意を払い、安全に注意を払いましょう。

小さなお子様をお連れの際には、必ず手をつないで、線路や踏切から離れて楽しみましょう。本書を小さなお子様と一緒に読んでいただける際には、「線路や踏切のまわりは危ない場所だよ。離れて見ようね」と、ぜひ教えてあげて下さい。

最後に、できれば列車に乗ったりグッズを買ったりして、地域や鉄道会社に貢献しましょう。

マナーを守って、いろいろな踏切を楽しみましょう!!

この本の楽しみ方

『踏切の世界』の第3章「踏切ディープエリア」など、一部のページにはQRコードが付いています。スマホやタブレットのQRコード読み取りアプリを起動し、カメラをかざすと本書の著者、chokky氏のYouTube動画へリンクし、該当するディープエリアや踏切を見ることができます。紙面ではどうしても伝えることができない踏切の「音」や「動作」をお楽しみ下さい。

また、「変な踏切大集合!!」シリーズには、第4章「おもしろ踏切アラカルト」で掲載している踏切のほか、本書で掲載できなかった踏切も多数配信されています。併せてご覧いただければ、2倍、3倍とお楽しみいただけます。

なお、著者の動画サイトのホーム画面へは、このページにあるQRコードがリンクしています。「変な踏切大集合!!」シリーズのほか、Nゲージ鉄道模型のレイアウトを製作する「窓際レイアウトづくり」シリーズなどの動画も配信しています。ぜひご覧ください。

YouTube LINK

CHAPTER 1

踏切の基礎知識

「踏切」と聞いて、どういうイメージをお持ちだろうか? 赤く丸い警報灯が点滅し、その上には黒色と黄色のゼブラのクロス、そして遮断機が道路を遮る……。一般的な踏切のイメージはそんなところだろう。しかし、踏切を構成する部品は多く、種類も多様である。まずは踏切の基礎知識を蓄えていただこう。

踏切の種類

踏切とは、鉄道と道路が平面交差する箇所に設けられる設備である。本書では鉄道以外の設備に「踏切用の設備」を使用している例も紹介しているが、これらも含めて「踏切」と総称させていただく。

日本各地の愉快な踏切たちをご覧いただく前に、基本的な踏切の種類や部品構成、踏切の安全を守る装置類について紹介しよう。

鉄道における「踏切」は、第一種踏切から第四種踏切と、駅構内などに設けられる構内踏切に分類される。前者は鉄道と道路が平面交差する部分に設けられた、いわゆる一般的な踏切で、設備の有無や機能によって4種類に分類されている。

後者は駅構内で駅舎とホームの間を行き来するために設けられた通路（渡線道、構内通路、旅客通路とも呼ばれる）である。都市部や主要幹線では跨線橋や地下通路に役目を譲り希少な存在だが、地方路線では今も安全を支えている所が少なくない。

第一種踏切

自動遮断機が設置されているか、または踏切保安係（踏切警手）が配置されている。

第二種踏切

一定時間に限り踏切保安係が遮断機を操作する。踏切保安係（踏切警手）のいない時間帯は第四種と同じになる。日本からは消滅している。

第三種踏切

踏切警報機が付いているが、遮断機が付かない踏切。

第四種踏切

踏切警標だけの踏切で、列車の接近を知らせる装置はない。

構内踏切

駅舎とホームの間を行き来するため、駅構内に設けられた通路。遮断機や警報灯の有無は駅により異なる。

踏切の各部の名称

第一種踏切の代表的な部品構成

（部品の呼び方、名称は各メーカー・事業者ごとに異なります）

踏切は数多くの部品で構成されている。いわゆる「普通の踏切」であっても、交差する道路の状況や警報灯、遮断機など一つ一つの使用部品のメーカーや製品によりバリエーションが無限大である。これに加え、近年では安全を高めるための装置として、踏切障害物検知装置や監視カメラなどを備えている踏切も少なくない。また、踏切の脇にある灰色や茶色の器具箱（継電器箱）には、踏切を作動させる制御機器などが入っている。

踏切趣味では、音や動作、設置されている場所だけでなく、これら部品の種類や取り付け方法の違いなどにも注目をしている。普段、何気なく「踏切」として認識しているものも、ディテールの違いが分かればさらに興味が湧いてくることだろう。

西日本鉄道天神大牟田線の都府楼前～下大利間にある踏切を、8000形の展望室から望む。2014年撮影

JR山手線の駒込～田端間にある、山手線で唯一の踏切。

踏切警標
（クロスマーク）

踏切警標とは踏切のシンボルともいえる「X型」の標識。通行する歩行者や自転車、自動車の運転手に注意を喚起するためのものである。すべて同じに見えるが、実はいくつかの種類が存在する。なお、本書では以下「警標」と表記する。

古くからよく見かけるもっともオーソドックスなタイプ。日本工業規格（JIS）に則り、色彩や反射など細かく指定される。地は黄色で、交わる面の中央部が黒いのが特徴。写真は長野電鉄桐原駅付近。

最近のものは黄色部分の反射材が改良されている。また、夜間に黄色部分が点滅するものもある。写真はJR仙山線新石巻街道踏切。

珍しいのがこのタイプ。東武鉄道沿線の読者なら見覚えがあるかもしれない。地面に対して平行に縞模様になっているのが特徴。写真は東武鉄道東上本線のもの。

新しい踏切や、部品が更新された踏切で目にするタイプ。黄色と黒が基本になっている点に違いはないが、交差箇所が黄色になっている。「こちらの方が見やすいのではないか」という経緯で誕生し、現在はどちらも併売されている。写真はJR小海線野辺山踏切。

踏切警報機柱

ひと言で言えばただの柱だが、「踏切警報機柱」という名称が付けられていて、たいていの柱は黄色と黒色のゼブラになっている。以前はまっすぐに伸びているだけのものが多かったが、近年は警報灯を上部に設けられるオーバーハング型も増えている。その形態も、まっすぐな柱に横棒を加えたもののほか、柱をアーチ状に曲げたものもあり、意外と多様である。

なお、腐食対策として近年の踏切警報機柱や警標はアルミ製、その他の筐体《きょうたい》はステンレス製で作られているものが多い。

まっすぐ伸びる、一般的な踏切警報機柱。写真は京阪電鉄京津線京阪山科～御陵間の踏切。

まっすぐ伸びる踏切警報機柱に、横棒が取り付けられたオーバーハング型。道路の真上に警標と警報灯が装着されている。写真は東武鉄道東上線川越市～霞ケ関間。

一見するとオーバーハング型だが、警報灯を付けるためにブラケットがあるだけのものは標準タイプに含まれる。写真はＪＲ飯山線津南駅付近。

アーチ状に曲げられた踏切警報機柱。視認性の高さと見た目の良さで近年増えている、見た目も優雅なオーバーハング型。写真はわたらせ渓谷鐵道の水沼踏切。

左右の警報機柱を結んで門形にした踏切もある。架線や電線などに、トラックの積荷などが絶対にぶつからないように保護する意味もあるようだ。写真は東武鉄道東上本線下板橋駅。

遮断機と遮断桿

道路を遮る遮断桿
新素材で大きく進化

現在、最も多い第一種踏切を代表する装置が遮断機である。道路交通を遮る部分は、一般に「遮断機」と呼ばれることが多いが、実際は動作部分が遮断機で、我々の眼前に降りてくるゼブラ模様の棒は「遮断桿《かん》」という。

遮断桿は、遮断時に道路面上０・８ｍの高さで水平になるように国土交通省令で定められている。１つの踏切に遮断機が４つある場合、向かって左側の遮断桿が先に降りて進入を止め、踏切内にいる自動車や歩行者が渡りきれる時間が経ってから、右側の遮断桿が降りるようになっている。

遮断桿は、交通をしっかりと遮るとともに、閉じ込められた自動車が押し出しても折れない柔軟さも必要である。そのため、昔は竹が使われていたが、現在はＦＲＰ（繊維強化プラスチック）が使用されている。黄色と黒色に塗り分けるだけでなく、反射シートが巻き付けられたものや、赤色

今では希少になった昔ながらの竹の遮断桿の付け根のアップ。写真は小湊鐵道五井駅付近。

一般的な踏切に付く、一般的な遮断機と遮断桿。黄色と黒色のゼブラ模様の間に入る赤色の部分が反射材。写真はJR川越線指扇～南古谷間の本郷踏切。

交通量の多い道路では、遮断桿が目立つように太さを150㎜に太くした「大口径遮断桿」を使用しているところもある。素材はFRP製。

遮断機も遮断桿も赤白のゼブラになっている構内踏切。

と白色の遮断桿など、バリエーションもある。
幅の広い道路では、遮断桿を折り曲げることで長さを確保する「屈折式遮断桿」が使われている。
このほか「くぐるな」などの警告やビラビラと付いた反射材などは鉄道会社ごとに異なる。

保守管理を容易化する新しい遮断機

ここへ来て遮断機も進化している。従来の遮断機は、遮断桿の反対側にバランスウェイト（重り）が取り付けられていたが、遮断機の内部にコイルバネを設けることで、ウェイトをなくしたウェイトレスタイプの遮断機が増えてきている。このメリットは遮断機が小型化できるほか、施工時の初期設定を容易にでき、工事の施工性や保守性が向上した。

降雪地帯では、これまでウェイトを遮断桿の反対側にまっすぐ付けるのではなく、「ウェイトカバー」という大きな箱に入れて動作させていた。遮断機のほかに大きな箱が付く踏切はいかにも雪国らしかったが、ウェイトレスタイプではその必要もなくなり、雪国ならではの遮断機はいずれ見られなくなるだろう。

遮断桿の取り付け部。留め具でがっしりと挟み込むオーソドックスなタイプ。

取り付け部に遮断桿折損防止器が付いたものもある。踏切内に取り残された車両の脱出を助け、自ら折れ曲がることにより遮断桿の折損を防ぐ。

遮断桿の反対側にウェイトを付けた昔ながらの遮断機。遮断桿の長さに合わせてウェイトの取り付け位置の調整が必要になる。

近年増えているウェイトレスタイプの遮断機。現在はメーカー各社でそれぞれのウェイトレス遮断機を製造している。写真は足の上にコンパクトに乗る大同信号製のもの。

写真は遮断機らしからぬデザインで2005年グッドデザイン賞を受賞した京三製作所製のMCG-DE8F形ウェイトレス遮断機。

降雪地帯では、通常の遮断機のほかに「ウェイトカバー」という大きな箱があり、ウェイトはこの中で動作する。

警報灯（せん光灯）

踏切が閉じた状態を知らせる主要な部品

踏切警報機の象徴ともいえるもののひとつが警報灯だ。警報灯というと、これまでの電球タイプを連想する人はまだまだ多い。やはり長年使われてきたことに加え、見た目が親しみやすいからだろう。

しかし、レンズが一方向しか向かないため、動作状態は狭い範囲からしか見えない。そのため、線路沿いにも道路があって十字路になっているような踏切では、3方向に向けて警報灯が付くことが多く、1本の警報機柱に6灯もの警報灯が付くことになる。

また、電球はLEDと比べると消費電力が多く、交換寿命も短い。地方の鉄道会社などでは電球型の筐体のまま電球のみをLED化している場所も多く存在する。

主流になりつつある全方向型警報灯

長いこと電球タイプが主流であったが、近

昔ながらの警報灯だが、正面と側面に知らせるため、左の警報灯は横を向いている。2灯ずつ各方向を向くのが多く、1灯ずつは地方で見られる。

2灯が正面を向いた、オーソドックスな警報灯。つぶらな瞳と長いヒサシが顔のようで、好感度アップ！　写真は電球のみLEDに交換されている。

JR東日本八高線の第二久保踏切にある警報灯は、縦2灯の筐体。この踏切は東武越生線の踏切と隣り合っていて、音や動作パターンもおもしろい。

雪の多い地域には、雪が積もらないように傘のような覆いが上に付くタイプもある。

年はLEDの技術が発達し、メーカーによって全方向型または全方位型などと呼ばれるタイプのLED警報灯の導入が増えている。本書では「全方向型警報灯」と記載する。

　このタイプは前面、側面、背面など文字通り全方向から視認できる警報灯である。前述のように、複雑な地形にある踏切では多数の警報灯が必要になるが、全方向型では2灯設置するだけで全方向から視認できるため設置個数を減らせるうえ、省エネルギーやメンテナンスフリーといったLEDの特性もあり、鉄道事業者にとってメリットが多いので急速に普及している。

　全方向型のLED警報灯は、かなりバラエティーに富んでいる。初期のものはフレームがあり、場合によっては見えにくい状況もあるようだが、各メーカーで研究が重ねられ、どんな角度からも見やすいフレームのないものが開発された。警報灯は、単に赤く点滅する燈火ではない。さまざまな地形、天候、時間帯、踏切を通過する人の身長や視力などかなり多くの要素をクリアし、なおかつ耐久性のある製品でなければならないのだ。

警報灯を球体にして、四方に加え下側を含む全方位を照らす、三工社の「全方位形踏切警報灯」。

全方向型警報灯は各社で開発され、それぞれ商品名を持つ。写真はてつでんの「360度形踏切警報灯」。

Y字状に燈火を配した東邦電機工業の「踏切警報灯(ecoKシリーズ)」。下からの視認性も高めた。

薄型が特徴の東邦電機工業の「踏切警報灯（eco1シリーズ）」。2013年度にグッドデザイン賞を受賞。

列車進行方向指示器

踏切において、列車が通過する方向を教えてくれるのが列車進行方向指示器である。国土交通省令では、2以上の線路に係る踏切に設置するように定められているため、単線区間などでは設置されていないことも多い。古いものは電球で内側からレンズを照射することで矢印が光るようになっていた。時代が進むと矢印のみをきれいに点灯させるものや、その傍らに警告文の発光機能が付いたものなど多種多様に展開された。

そして昨今はLED化、ステンレス筐体の採用、文字と進行方向の矢印をスクロールさせるものなどが登場。設置や管理が容易でかつ視認性をより向上させ、事業者にも踏切利用者にも一層優しいものが展開されている。単純に列車が進む方向の矢印と捉えている人が多いと思われるが、警報灯と同様にメーカーごとにさまざまな製品があり、さらに鉄道事業者ごとの違いもあり、バリエーションに富んでいる。

小湊鐵道の構内踏切には、踏切と同様の進行方向指示器が設置されている。「れっしゃがきます」の書体も味がある。

進行方向指示器の表板に矢印が切り抜かれたタイプ。透明プラスチックの奥から電球で照らす。京阪電鉄京津線のもの。

丸いレンズの内側から矢印が赤く照らされる、古いタイプの進行方向指示器。今では希少な存在になった。写真はJR山陽本線廿日市～宮内串戸間の道挟第2踏切（更新済）。

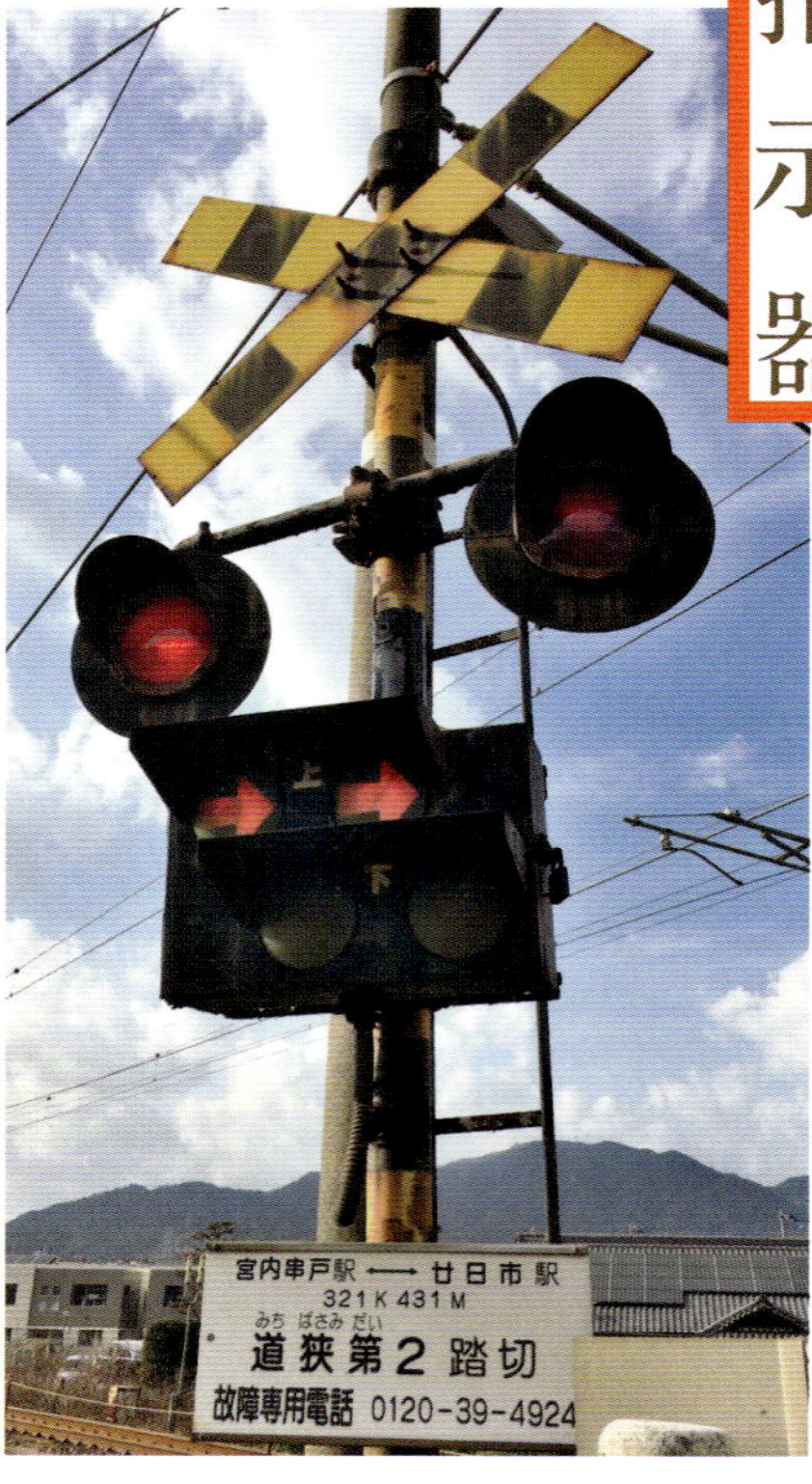

同じようでいて、見れば見るほど種類のある進行方向指示器。写真の小田急電鉄愛甲石田駅付近のものは小さなケースに細いが大きい矢印を表示。

警報灯の下に矢印を表示する名鉄名古屋本線と東海道本線の併走区間の踏切。警報灯の間にも表示器が付く。

比較的シンプルな進行方向指示器。矢印の枠は太く、LEDが2列幅で並んでいる。

矢印には「上り」「下り」と白色の文字で書かれ、さらに矢印の下には警告メッセージを表示できるタイプ。

近年増えている薄型の進行方向指示器。東邦電機工業の製品で、全方向型警報灯と同じ筐体を使用する。裏面も発光することで設置費用のコストダウン、高い視認性、取り付け作業の少人数化などのメリットがある。

JR東北本線・東武伊勢崎線久喜駅付近の踏切。進行方向指示器はLEDで、まず「列車がきます」の文字が流れ、続いて矢印が流れる。踏切が開いているときは「踏切注意」「一時停止」の文字が交互に表示される。

警報音

踏切の警報音にはさまざまなものがある。電子音タイプ、電鈴《でんれい》式、電鐘《でんしょう》式、そしてそれ以外の変わり種と分類できる。

現在は電子音タイプのものが主流だ。警報音は、踏切警報音発生器からスピーカーを介して我々の耳に届く。住宅密集地や配慮が必要な場所では、すべての遮断桿が下りると警報音を小さくすることができるものもある。

多くの人は、電子音タイプであればどこの鉄道会社も同じ音色だろうと思われているだ

警報機柱の上に付けられている警報音のスピーカー。ここから流れる電子音が一般的である。

電鐘式・電鈴式

かつては日本中で当たり前に聞くことができた「チリンチリン」「カランカラン」などの懐かしい音色。メンテナンス省力化や音の指向性、音量調整などの融通の利きやすさから電子音を発するスピーカータイプのものにバトンタッチしている。

右／電鐘式　文字通り、踏切の頭に「鐘」が載っている。重厚で厳かな音色のものから「チンチン」と軽い音のものまで材質によりさまざまな音色を奏でる（更新済）。　左上／電鈴式　写真のものは、電鐘式よりもひとまわり小ぶりになっている。電鐘式よりは多くのものが残存しているが早めの訪問、記録をおすすめする。　左下／伊豆箱根鉄道では、保線作業員に列車の接近を知らせる警報装置として電鈴が第二の使命を果たす。

ろうが、各事業者ごとにこだわりがあるようで、聞き比べると結構違っている。しかも、同じ会社内の踏切でありながら、根本的に音色が違うものや、テンポや音程が違うこともあり、実は大変奥が深い。

関東の大手ではＪＲ東日本と西武鉄道、小田急電鉄、東武鉄道などの警報音をぜひ聞き比べてみていただきたい。本ではあいにく「音」は紹介できないので、ぜひ動画も合わせてご覧いただきたい。複数聞けば、「変わった踏切」でなくとも音の違いを感じていただけるはずだ。

また、地方の中小私鉄に今も残る電鐘式・電鈴式の警報音は人気が高い。現在も使用する会社はそれなりに存在するが、更新は進んでいる。鐘特有の懐かしくて温かい音色を楽しみたい方、記録されたい方は一日も早くの訪問をおすすめする。

「電子音」でも「鐘」でもない踏切の警報音

第四種踏切に通行人が接近すると「あぶない!! 踏切では、止まって、右、左を見てから渡りましょう!!」という音声を発し、踏切の安全な利用を呼び掛けるもの。男声、女声のものや、違う言葉で呼びかけるものもある。

地方の駅構内踏切などにも、警報音ではなく言葉を発するタイプのものや、警報音＋言葉を発するものも存在する。

右上／言葉を発するタイプには、男声、女声のものや、違う言葉で呼びかけるものもある。写真は秩父鉄道長瀞駅付近のもの。
右下／秩父鉄道の言葉を発するタイプの第四種踏切の全景。左に立っているのが右上と同じセンサースピーカー。線路の対岸にも同様の装置が立っている。
左／ＪＲ九頭竜湖線越前大野駅の構内踏切の警報音は「アニーローリー」の音楽が流れる。本数が少ない九頭竜湖線だが、定期的に聞けるのは1日1回のみ。

踏切の安全を守る装置類

踏切事故防止ポスターなどで「非常ボタン」と呼ばれているものは「踏切支障押ボタン」といい、自動車や自転車、通行者が踏切で立ち往生した場合に誰でも扱える。ボタンを押すと側面の乗務員用表示灯が点灯し、どのボタンが押されたか乗務員が分かるようになっている。

線路内の装置では「踏切障害物検知装置」の設置が増えている。警報機が鳴り始めた後も踏切内にとどまる自動車や通行者を自動的に検知し、列車との衝突を防ぐ。検知方式には光レーザー、赤外線レーザー、ミリ波、超音波、ループコイルなどがあり、多様な中から踏切の交通量や環境に合わせた方式が使われる。当初は自動車の検出が目的だったが、最近は人も検出できる装置もある。

これらの装置が作動したとき、異常を列車に知らせるのが発光信号機だ。昔は発煙信号だったが、燃え尽きるまでの短時間しか使用できないため廃れてしまった。発光信号機は事業者によって形状や動作がさまざまだが、一般的な発光信号機は特殊信号発光機と呼ばれ、回転形と点滅形がある。回転形は赤色灯5個を2灯ずつ反時計回りに点灯させ、点滅形は棒状の赤色LEDが1分間に500回点滅して異常を知らせる。

なお、これらの装置はすべての踏切に設置されるものではない。踏切では必ず一旦停止、左右と前方の確認を行った上で通行することが鉄道と自動車の安全を守る大前提となる。

踏切支障押ボタン

踏切内で、自動車や人が立ち往生したり危険が生じたりした場合に列車に知らせるための保安装置。このボタンを押すことにより発光信号機（特殊信号発光機）が作動し、列車運転士に踏切内で何らかの異常があることを知らせる。

「非常ボタン」の呼び名で、踏切の安全を守る切り札としてPRされている踏切支障押ボタン。押されると側面の乗務員用表示灯も点灯し、どのボタンが押されたか列車運転士がわかるようになっている。

踏切障害物検知装置

踏切障害物検知装置は、踏切内の自動車や人など、支障物を自動的に検知して列車に対して停止信号を現示する装置。踏切の場合は支障物を検知すると発光信号機などで列車運転士に通報する。

踏切の両脇に設置されている踏切障害物検知装置。レーザー式なので、反対側にも装置がある。

IHI製の三次元レーザーレーダ式の踏切障害物検知装置。高所から踏切内を監視する。

日本信号製のミリ波式障害物検知装置。

大同信号製のMT障害物検知装置。

発光信号機

踏切支障押ボタンや踏切障害物検知装置が異常を察知した際に、列車運転士に知らせる装置。赤色灯が回転するタイプと、棒状の赤色LEDが点滅するタイプがある。

特殊信号発光機（回転型）　踏切支障報知装置が扱われた時や、踏切障害物検知装置が踏切内に支障物を検知した場合に5つの赤灯が2灯ずつ半時計回りに回転するように点滅する。

特殊信号発光機（点滅型）　棒状の赤色LEDで、1分間に500回点滅して異常を知らせる。

踏切動作反応灯

踏切の安全を守る装置の中には、踏切を利用する自動車や歩行者にはほとんど関係なく、列車運転士に対しての装置もある。踏切動作反応灯は、踏切の動作が正常であることを列車運転士に知らせるためのものである。

装置によっては「踏切の正常な作動」を伝えるだけでなく、閉塞信号機などと連動して停止指示を出すものや、踏切支障押ボタン、踏切障害物検知装置と連動して運転士に危険を知らせ、事故を防ぐ機能も付けている事業者もある。ここでは例として名古屋鉄道（名鉄）と近畿日本鉄道（近鉄）の踏切反応灯の動作パターンを紹介しよう。

なお、ＪＲは踏切動作反応灯を設置していない。これは、かつて国が定めた規定が旧地方鉄道向けの通達であり、ＪＲの前身である国鉄には適用されなかったためである。ちなみに現行の国土交通省令では規定が削除され、民鉄であっても設置義務はなくなっている。

近鉄の動作パターン

踏切反応灯（停止灯）

前方の踏切で踏切支障押ボタンが扱われた場合に点灯。単線区間で、反対方向の列車が通過した直後、一定時間点灯する場合もある。

踏切反応灯

前方にある踏切の遮断桿が降下完了している場合に点灯する。それ以外の場合は消灯。

踏切反応灯（1灯式）

前方にある踏切の遮断桿が降下完了している場合に点滅する。それ以外の時は消灯。このタイプの反応灯は、名鉄では植大駅構内踏切にのみ現存する。

踏切予告灯（中継）

停車列車が接近した際、前方に停止灯または出発信号機と連動した踏切があり、その動作を予告（中継）するもの。前方の反応灯が通過可能を現示しない時は、黄色灯が斜めに交互に点滅する。通過可能な現示になった場合は、予告等（黄色灯）は消灯し、通常の反応灯の点滅に切り替わる。

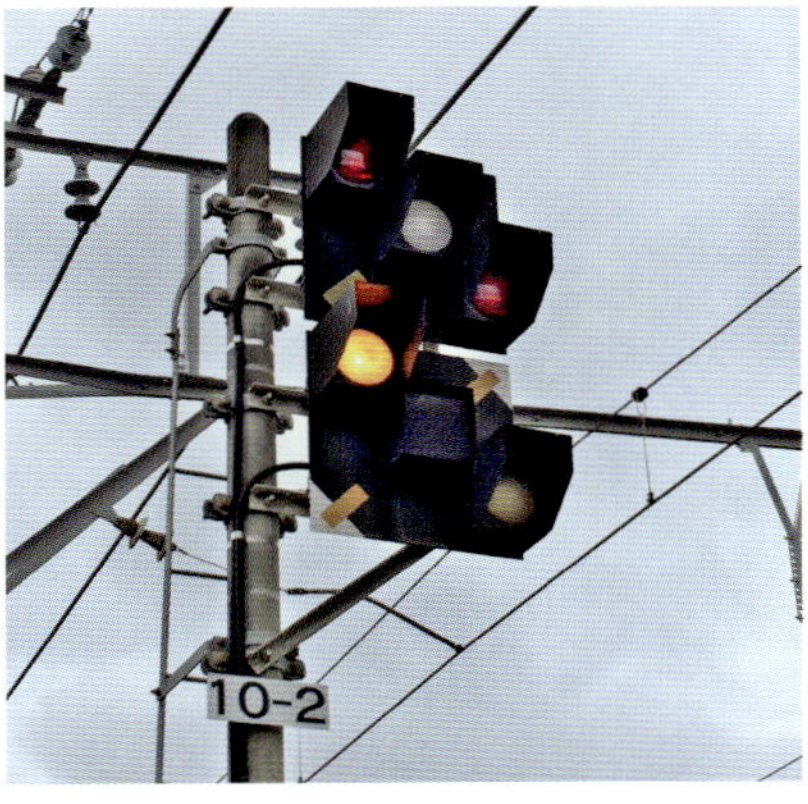

名鉄の動作パターン

踏切反応灯（3灯式）

前方にある踏切の遮断桿が降下完了している場合に、四角い踏切反応灯が点滅する。それ以外の時は消灯。このタイプの反応灯は主に名鉄、豊橋鉄道、長良川鉄道などで見られる。

上と同じ踏切反応灯で、停止灯が点灯した状態。停車する列車に対し、出発信号機と連動している場合に点灯する。非常ボタンを押された場合や、踏切障害物検知装置が作動した場合は赤灯1灯が交互に点滅する。

前のページでは名鉄と近鉄の踏切動作反応灯を紹介したが、そのほかでも各社さまざまなものを使用している。1灯のランプが点滅を繰り返す事業者があれば、同じ1灯ランプでも点灯したままの事業者も存在し、非常に多種多様だ。

運転席の後ろからかぶりつきで観察してみると、いろいろな形状、点灯・点滅パターンが存在しておもしろい。ここに掲載したものは、その中のごく一部になる。

踏切動作反応灯の設置例。写真は名鉄須ヶ口駅のもので、構内入換時、関係する進路が開通し、遮断機が降下完了すると点滅する。

えちぜん鉄道

架線柱に1灯が設置され、写真のように点滅する。

福井鉄道

上段が赤灯2灯、下段が白灯2灯の4灯で、通常は消灯（右）。降下完了で下段の白灯が左右交互に点滅する（中・左）。非常ボタンが扱われた場合には上段の赤灯が左右交互に点滅し、白灯は消灯する。

東武鉄道

東武鉄道の踏切動作反応灯はX形。写真の装置は新しいものでLEDが使われている。

西武鉄道

西武鉄道の踏切動作反応灯はランプが2灯あるタイプ。写真の装置はランプにLEDが使用されている。

伊豆箱根鉄道

警標、警報灯と同じ支柱の頭に、列車側を向いて踏切動作反応灯が付けられている。降下完了でX形に点滅する。

上毛電気鉄道

伊豆箱根鉄道と同じX形に点滅するもの（警標の左上）だが、モノがだいぶ小さい。ランプの上にヒサシも付いている。

天竜浜名湖鉄道

降下完了で真ん中のランプが点滅。えちぜん鉄道のものはランプのみであったが、こちらはランプの周りにX形に黄色いラインが入っている。先端に鳥が止まっているのはご愛敬。

COLUMN 1

chokky流 おもしろ踏切の見つけ方

鉄道愛好家の中でも、踏切ファンはまだまだ少数派である。「興味はあるけれど、おもしろい踏切ってどうやって探すの？」と思われる方は多いだろう。そこで今回はchokky流のおもしろ踏切の見つけ方を紹介しよう。

見つけ方

筆者がおもしろい踏切を発見したり、参考にさせていただくのは次のようなものである。

- 列車乗車中……列車乗車中、車窓から見える踏切や聞こえてくる警報音などからの発見
- 自動車運転中……旅行中やドライブ中
- YouTubeやインターネット……ほかの方の動画や、インターネット上の情報、鉄道前面展望動画を視聴中の発見
- 仲間からの情報……全国の鉄道を乗り歩いている仲間たちとの雑談の中で得る情報

また、テレビの旅番組の途中で、一瞬写った踏切で発見したこともあった。大事なことは、常にアンテナを高く張ることだ。列車での移動中に、目的の踏切とは別の魅力的な踏切を発見し、急きょ途中下車することもある。第3章のように、おもしろい踏切は近い場所や同じ鉄道会社内に密集していることが多い。

下調べ

目当ての踏切を見つけたら、まずはGoogle MAPで現場を確認する。例えば電鈴式踏切など古いものは更新されていることがあるので、必ず衛星写真を確認しよう。あわせてYouTube動画やインターネットで下調べを行い、投稿日時・更新日時から新しい情報であるかを確認する。特に欠かせないのがコメント欄。「更新されました」など、最新の情報が書き込まれている場合もある。ここまでチェックしても、現地に着いたら更新されていたことがある。車両と違って注目を集めにくく、情報が少ない設備ゆえ、つらい部分である。

目当ての踏切が現存しそうであれば、行程を検討する。地方のローカル鉄道は運行間隔や1日の列車本数が少ないので、下調べは欠かせない。特に構内踏切は、上下線のどちらかの列車しか踏切を通過しない場合があるので、注意が必要だ。

目当ての踏切に到着したら、まずは状況を確認。踏切全体の特徴や設置されている地域、道路の交通量のほか、撮影を行うにあたり、安全で迷惑にならない位置のチェックも欠かせない。

また、動画を公開するため肖像権にも注意を払う。カメラに向かって大勢が歩いてきた時には、さすがに撮影を諦めた。1本見送る、日時を改める、アングルを変えるといった決断や配慮も必要だ。

さらに列車への乗車や観光、食べ物など、「旅の楽しみ」にも触れたい。撮影を楽しむだけでなく、地域や踏切を保有する鉄道会社に少しでも貢献することが大切だと考えている。

CHAPTER

(2)

最新の踏切を学ぶ

第1章でもご紹介したように、警報灯やLED表示器、遮断機など、踏切の技術は進化を続けている。特にLED技術の進化は大きく、警報灯はLEDを使用したものが主流になってきている。そこで、360度から視認できる全方向形踏切警報灯を開発した東邦電機工業にお伺いし、踏切の技術革新についてインタビュー取材した。

全方向形踏切警報灯の聖地、東邦電機工業へ

踏切は時代ごとに変化している。2000年代は特に変化の大きな時期で、警報灯や遮断機の技術革新期にあるといえよう。そこで、全方向踏切警報灯をはじめ、踏切に関連するさまざまな製品を手掛ける東邦電機工業に伺い、踏切のキホン、そして最先端の警報灯を教えてもらった。

東邦電機工業の屋上にずらりと並んだ踏切警報灯。風雨にさらされて耐久試験に供されている。

道路に面した角には、製品PRと耐久試験を兼ねた踏切が設けられている。左向きの矢印が点灯して点滅開始、右向きの矢印も加わり、左向きが先に消灯、右向きも消灯すると点滅も終了、という動作を一定間隔で繰り返す。

神奈川県座間市にある東邦電機工業相模工場。本社は東京都内だが、研究開発と製造はここで行われている。

取材の調整、会社概要の説明をしてくれた総務部の渡邉晃充さん。

鉄道の安全運行を支える さまざまな製品を製造

東邦電機工業は、踏切や鉄道信号などを製作するメーカーで、１９４４年に創業した。踏切愛好家には画期的な全方向踏切警報灯が有名だが、これら踏切関連のほか、鉄道信号機などの軌道関連、出発反応標識や列車非常停止警報装置などの駅構内関連、信号設備の保守や動作を記録する保守解析機器、運転状況記録装置などの車載機器の大きく5分野の製品群を展開している。

「このうち踏切用品が売り上げの6割強を占めています」と総務部広報業務担当の渡邉晃充《てるみち》さん。東邦電機工業は「検知」「記憶」「表示」「情報」に強みを持ち、踏切用品の中でも踏切制御子、全方向踏切警報灯、情報メモリー（ＶＡＭ）が主力製品である。

「国鉄時代は複数ある信号・踏切メーカーに仕事を分散させていたので、各社ごとに得意分野があります」信号・踏切メ

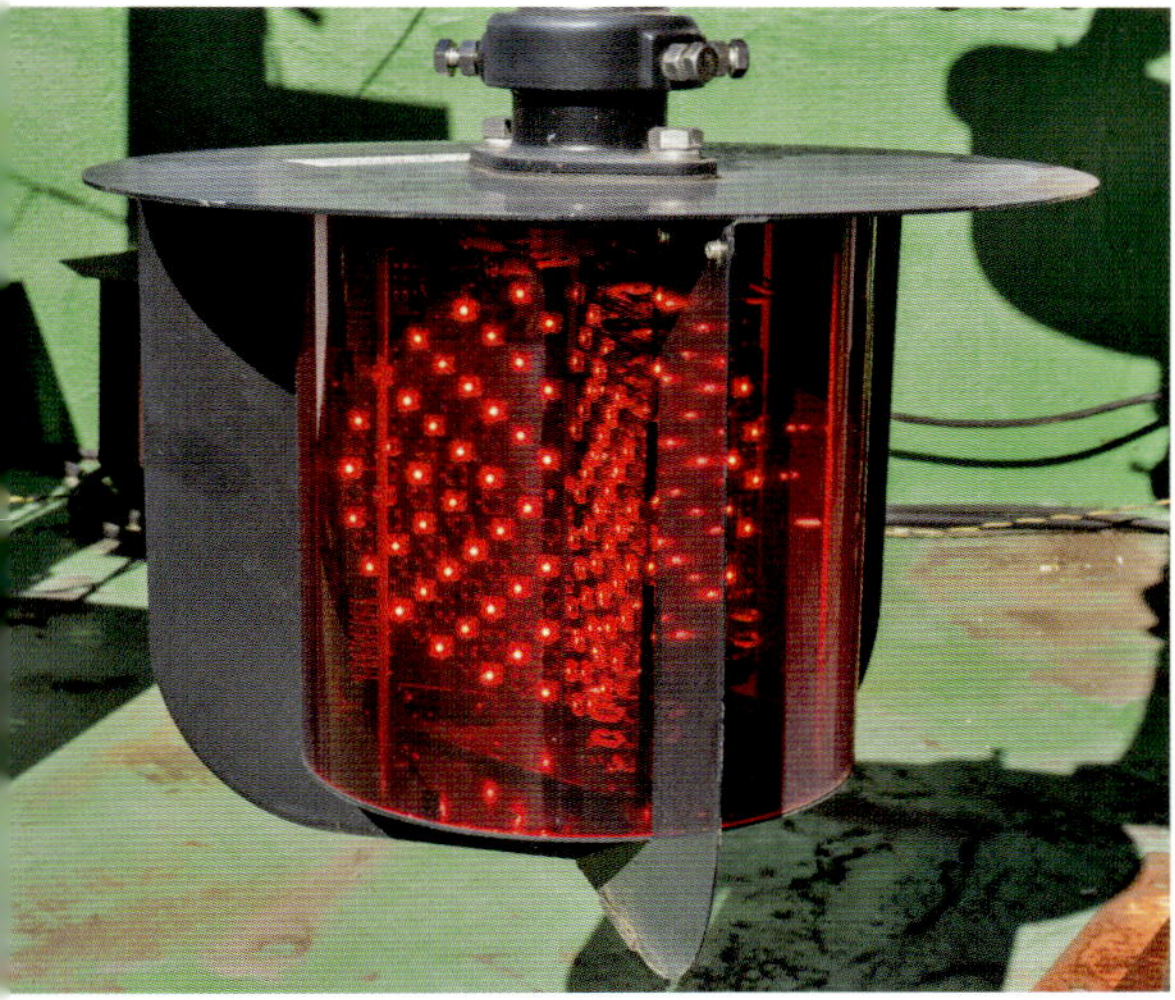

基板をＹ字にした改良型の全方向踏切警報灯。ケーシングの素材を変更したため、白化していない。

屋上で耐久試験に供されている最初の全方向踏切警報灯。基板が十字なのが分かる。当初の素材では、ケーシングが太陽光で白化しやすいことが分かり、素材が改良された。

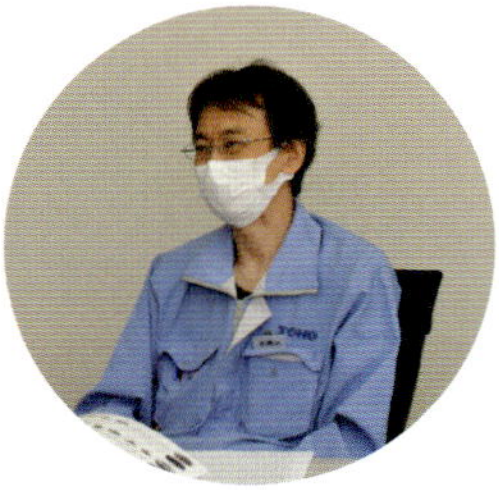

警報灯の開発を担当する技術本部設計部課長の佐藤英岐さん。

ーカー各社はライバル関係だが、時には協力し合うこともあるという。

技術的に難しいLEDを使い全方向踏切警報灯を開発

東邦電機工業を象徴する製品ともいえる全方向踏切警報灯。その開発に携わった技術本部設計部課長の佐藤英岐《ひでき》さんに、開発の経緯を伺った。

「全方向踏切警報灯は、一方向からしか見えない警報灯ではなく、３６０度どこからでも見える警報灯がほしい、というニーズがあり２００３年頃から開発を始めました」

佐藤さんによると、電球なら比較的容易に全方向形の警報灯をつくれるのだという。しかし、当時はＬＥＤが普及し始めた時期で、これからはＬＥＤの時代だろう、と技術的に難しいＬＥＤによる全方向形の開発が進められた。この頃にＬＥＤで回転灯ができるようになったこともあり、鉄道会社と共同で試作が進められた。こうして筒状の中に十字のプリ

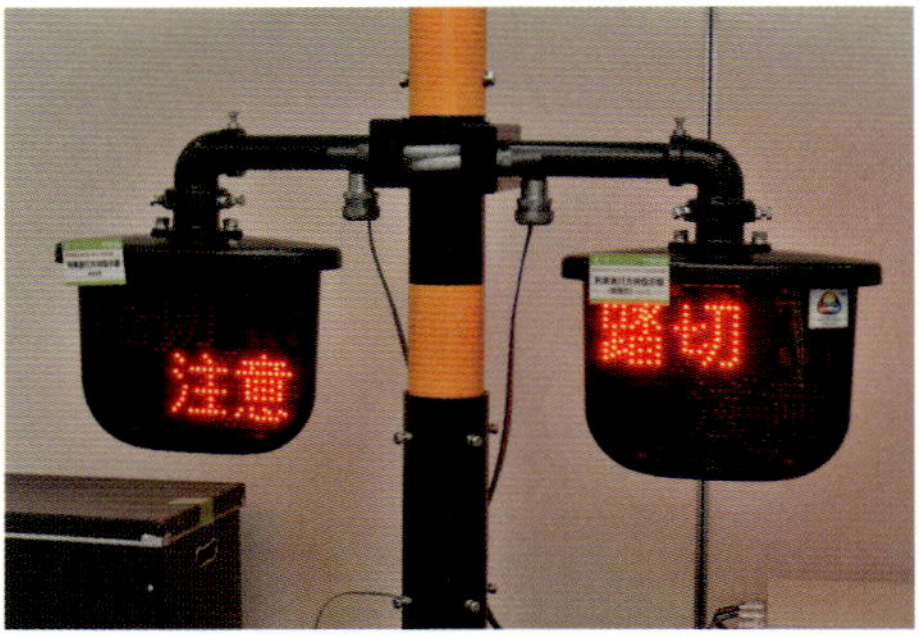

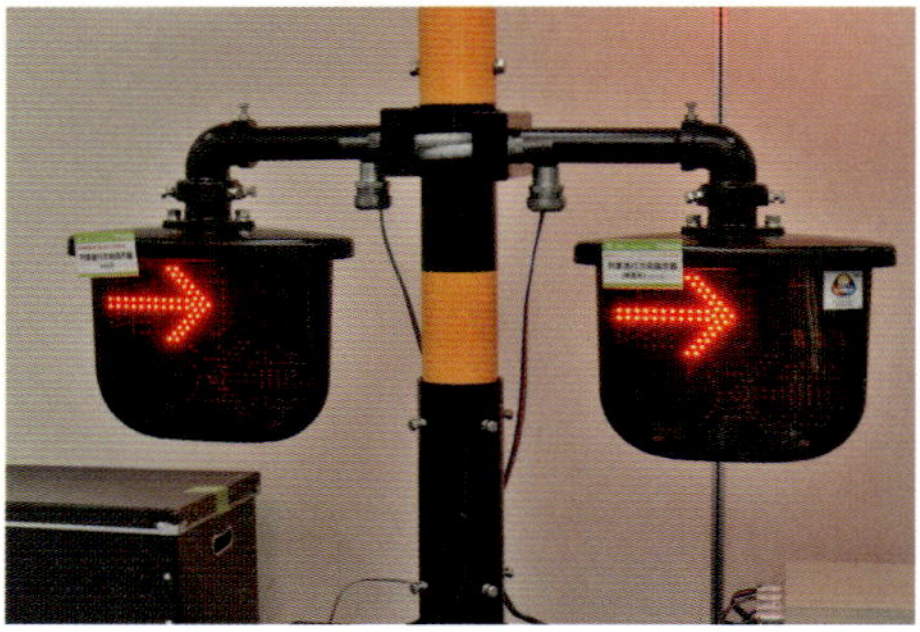

薄型のケーシングに、文字と列車進行方向を表示する。左はeco1、右はecoKの列車進行方向指示器。写真では分かりにくいが、右のLEDの色はカラーユニバーサルデザインに適応している。

両面の点灯を可能にし、デザインも斬新な薄型警報灯。LEDは丸く見えるように配されている。

全方向踏切警報灯の開発に携わった執行役員品質保証室長の塩沢一朗さん。

ント基板を入れて、どこからでも見える全方向踏切警報灯の開発に成功。2004年に発売した。

「発売したところ、少しずつ注文が入るようになりましたが、低価格化と一層の省エネ化の要望が多く、2005年にこれを改善するリニューアルを行いました。現在よく見かける全方向踏切警報灯は、この時誕生しました」

最大の変更点は、内部のプリント基板を十字状の配置から120度のY字状に変更したこと。これにより消費電力を減らすこともでき、さらに視認性も向上した。全方向踏切警報灯は、2009年度のグッドデザイン賞を受賞した。

これまでになかった薄型警報灯が誕生

全方向踏切警報灯は、道路が線路と直角に交わる踏切のほか、道路が線路と並行している踏切に適している。このようなところでは従来、直角に交わる道路に2灯ずつ、並行する道路にも2灯ずつ、

LEDの唯一の弱点が、熱を持たないため警報灯に付着した雪を溶かせないこと。写真の警報灯では、低温時に作動する融雪ヒーター付きのケーシングになっている。

防雪フードを付けた全方向踏切警報灯。さまざまな警報灯が耐久試験を受けている。

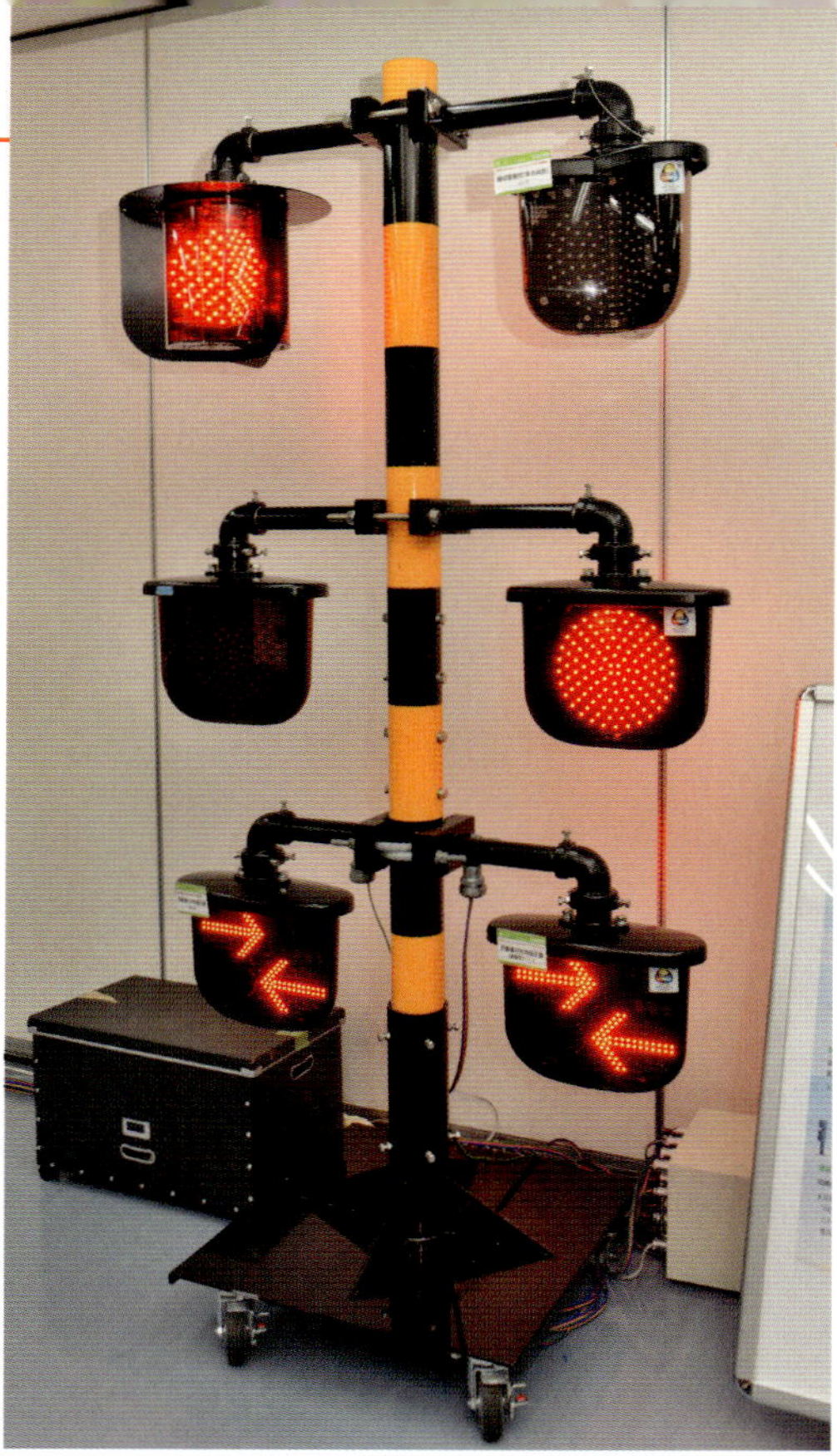

さまざまな警報灯を提げた展示室のサンプル。上段右はecoKの踏切警報灯（全方向形）、上段左は踏切警報灯（全方向形）、中段右はecoK、中段左はeco1の両面形警報灯、下段右はecoK、左はeco1の列車進行方向指示器。

計6灯の警報灯が付くことになる。しかし、全方向踏切警報灯にすれば2灯ですべての方向を照らすことができる。設置・管理する鉄道事業者にとって、大きなコスト軽減なのである。

「全方向形は必要な箇所に多く普及したものの、構造が単純な踏切では依然として従来の警報灯が根強く残っている状況でした。そこで、従来の警報灯を置き換える狙いで、2013年頃から両面形の警報灯の開発に取り掛かりました」

全方向形と同様に、LEDをプリント基板の両面に付けた構造だが、両面形は基板が一枚なので全方向形のように立体的ではなく、平面的（薄型）なのが特徴だ。しかも、視野角が広く真横以外は視認できるので、全方向形に近い効果が期待できるうえ、省エネな設計でもある。

「薄型の警報灯ができたので、同じ筐体に方向指示器を入れ込めないか、とやってみたのが薄型の列車進行方向指示器です。こちらも両面に表示できます」

東邦電機工業では、この2種類の製品

右はecoK、左は従来型の全方向踏切警報灯。ケーシングのない状態で見ると、円形に見えるようにLEDがやや横長に配されているのがわかる。

基板と同じY字型のケーシングになったecoKシリーズの踏切警報灯（全方向形）。

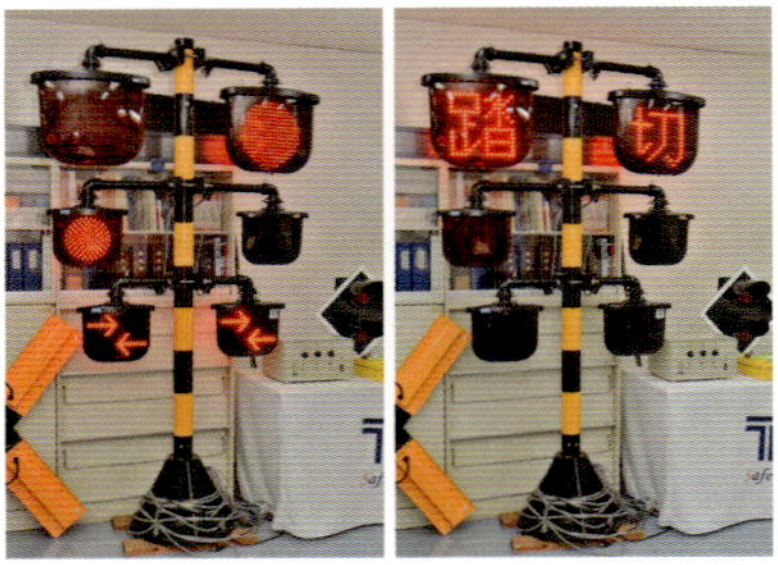

上段は直径300㎜、中段は直径190㎜の踏切警報灯。上段のものは警報灯のほかに「踏切」「注意」の文字も表示する。

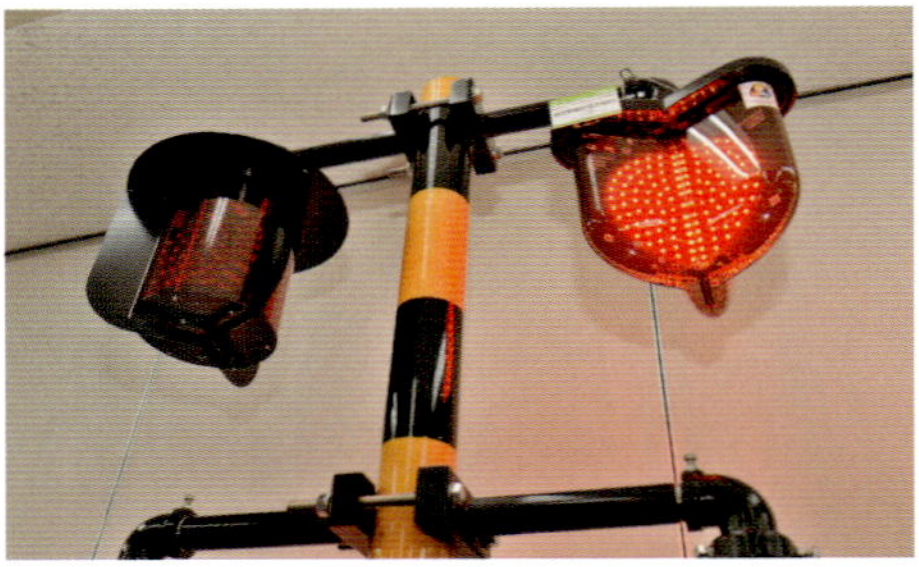

下から見上げると、従来の全方向踏切警報灯と比べ、ecoKのものは下からも点灯状態がよく分かる。

を「ecol《エコワン》」として展開。2013年度のグッドデザイン賞ベスト100、グッドデザイン特別賞・ものづくりデザイン賞を受賞し、さらに2015年には発明大賞考案功労賞を受賞した。

丸く光ってこそ警報灯！ 踏切らしさへのこだわり

「これまでにないケーシング形状の薄型警報灯ですが、昔からの踏切のイメージを重視し、発光部が丸く見えることにこだわりました」と語るのは、執行役員品質保証室長の塩沢一朗さん。赤いレンズの奥から電球で照らす従来の踏切と同じように、正面から見たときに違和感なく丸く見えるようにしたという。

「ケーシングの中に丸い形状で入れると西日が透過してしまうので、西日で見えなくなることがないように内部の構造を工夫しました。また、視野角の広いLEDを採用し、斜めからも視認性の向上を図りました」

これらの工夫により、通常は20度ほど

工場で点灯試験を行う全方向踏切警報灯。これだけの警報灯がずらりと並ぶ姿は圧巻だ。

組み立てて点灯試験を経た全方向踏切警報灯の仕上げを行う。警報灯は1つずつ手作業で組み立てられている。

全方向踏切警報灯を組み立て、きちんと点灯するか試験する。この後、ふたをしてネジ止めをする。

角度を振ると見えなくなってしまう警報灯だが、これはフラットなのに60度振っても見ることができ、両面で２４０度の視認性を実現したという。

さらに、点灯部の直径は通常１７０㎜であるのに対して、１９０㎜と大型化している。また、直径３００㎜の大型の警報灯も開発。これは交通量の多い踏切やオーバーハング型の踏切に設置されていることが多い。さらに「踏切注意」の文字が出るものも。文字は警報灯用とは別に、文字表示用のＬＥＤを用いている。

さらに誰からも見やすい警報灯を目指して

「２０２０年に全方向踏切警報灯をフルモデルチェンジし、『ecoK《エコケー》』シリーズとして発売しました」と佐藤さん。形状を従来の全方向踏切警報灯の円筒形から基板と同じY字型にし、警報灯を下から支える金具を完全になくすことで、下から見たときの視認性も高めている。さらにカラーユニバーサルデザインを導入し、

屋上で耐久試験に供される警報灯や信号類。周囲にマンションが増えたため、点灯は日中のみ行っている。

警報灯のケーシングのほか踏切警標や各種表示の印刷などの耐久性も試験する。

東邦電機工業では踏切のほかに入換信号機なども製造する。これらも屋上で耐久試験を受けている。

色覚の多様性にも対応している。これらの改良が評価され、2021年度のグッドデザイン賞を受賞した。

警報灯の視認性は「鉄道に関する技術上の基準を定める省令」で、警報灯は45m、方向指示器は30m先で視認可能なように定められているが、東邦電機工業の製品はいずれも100m先から見えるように設計・製造している。耐候性は、国鉄時代に「JRS」という規格があり、温度は上が60℃、下がマイナス20℃まで測定できる機械で試験を実施。さらにLEDの寿命を含め、各種製品は性能上10年くらいは使用できるように設計されている。

なお、東邦電機工業では屋上で耐久試験を行っていて、全方向踏切警報灯は2003年に開発された初期のものの耐久性も引き続き試験されている。初期のケーシングの素材は年数とともに白化しやすいことが分かり、その後のものは素材が改良されている。また、東邦電機工業ではさび対策として筐体に早くからアル

踏切警報灯とスピーカーの電流を監視することで故障を検知する踏切警報監視器。

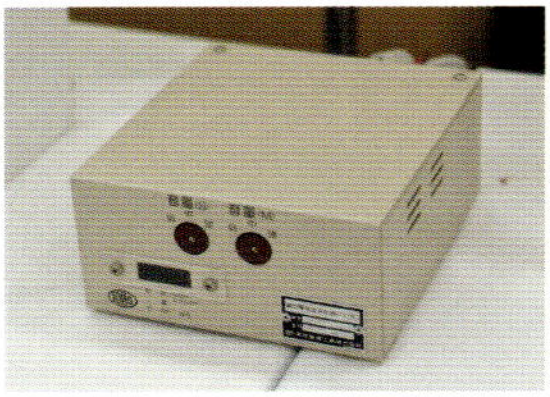

踏切警報音発生装置（TA2形）。写真は音量調整3段階のタイプ。

踏切を作動する心臓部の踏切制御子（H形）。

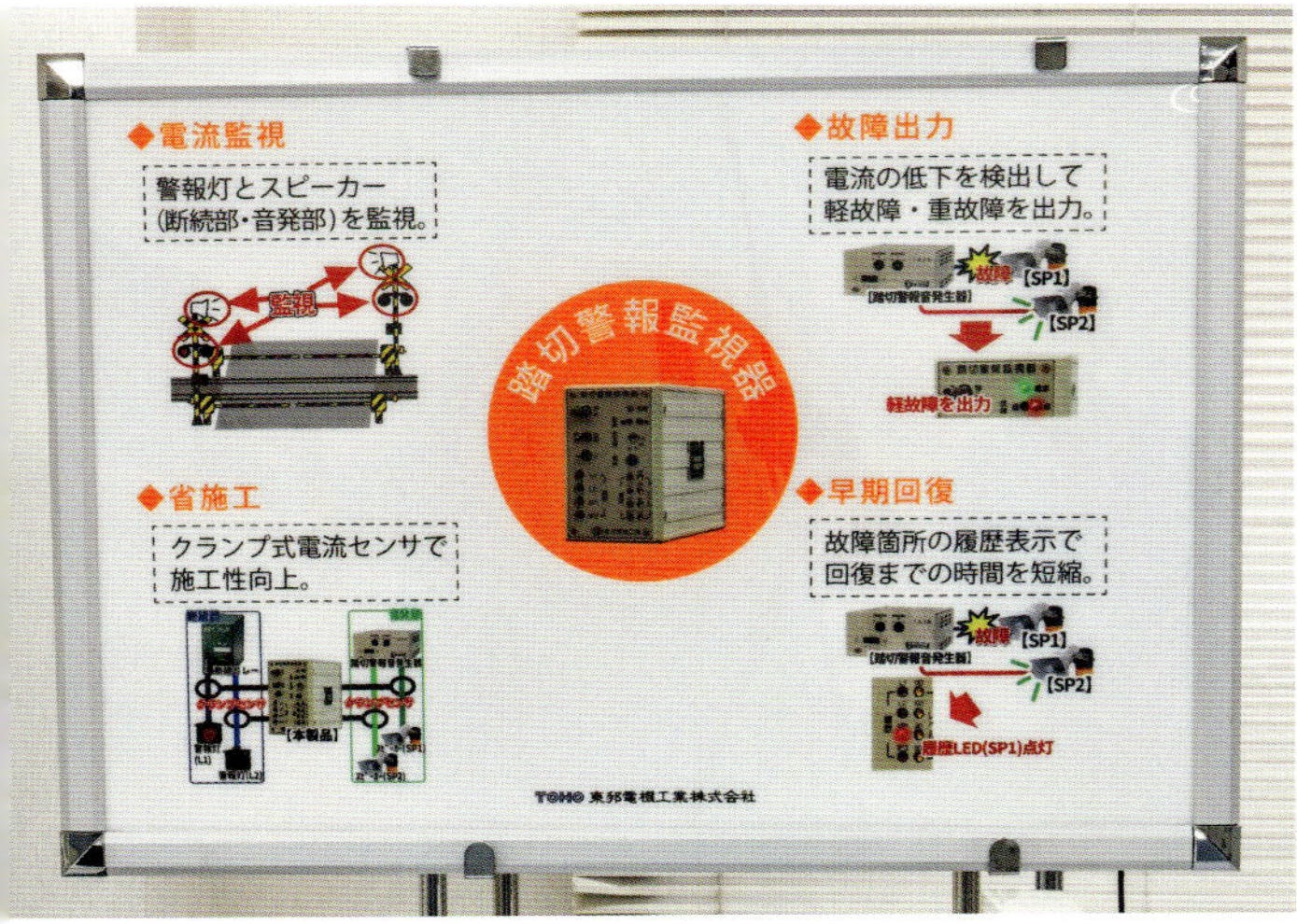

踏切警報監視器の説明。踏切故障の防止と早期回復を図る。

踏切の基本と検知器類の役割を教えてくれた執行役員技術本部長の塚本広志さん。

ミニウムを使用。警報機柱は2000年頃からアルミ製に切り換えた。

「鉄道関係は基本的にオーダーメイドですが、踏切のラインナップについては自ら開発してお客様に提案できるので、意欲的に開発に取り組んでいます」と塩沢さん。警報灯は進化している。

踏切はどう作動するの？ 踏切の仕組みの基本

そもそも踏切はどのように作動するのか？ 踏切が動く基本的な仕組みを執行役員技術本部長の塚本広志《こうじ》さんに伺った。

「踏切が作動するには、まず列車の検出をします。列車の速度にもよりますが、おおむね800mくらい手前に装置があり、列車が通過すると踏切制御子が検出して踏切を鳴らし、遮断桿を降ろします。踏切を抜けた所にも装置があり、列車が通過すると遮断桿が上がる仕組みです」

踏切制御子は、踏切の近くにある大きな器具箱の中にある。この中にはほかに警報灯を光らせる断続リレーや警報音発

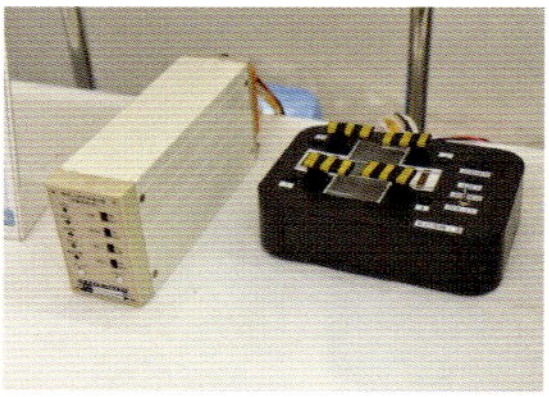

電気踏切遮断機の故障による遮断継続・遮断降下不良を検知する「踏切しゃ断不良検出器（自動復帰II形）」。右は検出器の作動を試す模型。

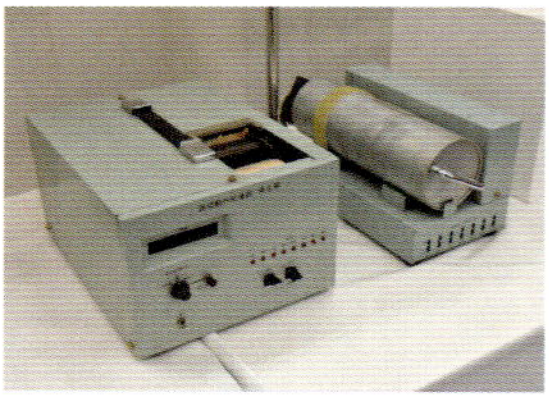

VAMの前に使用されていた踏切動作記憶器。技術の進歩で小さく扱いやすくなり、信頼性も高まっている。

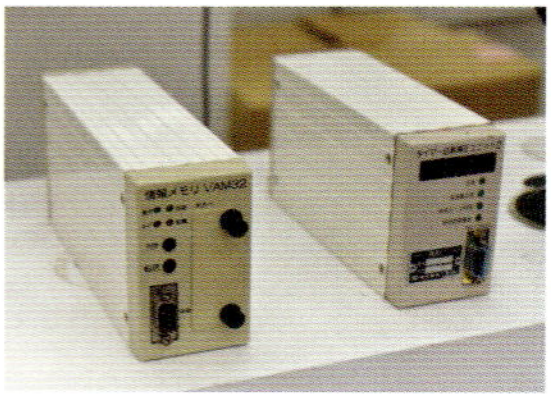

リレー式踏切設備の動作状態を記憶・読み出し・ データ解析をする情報メモリーVAM32（左）。右はタイマー自動補正ユニット。

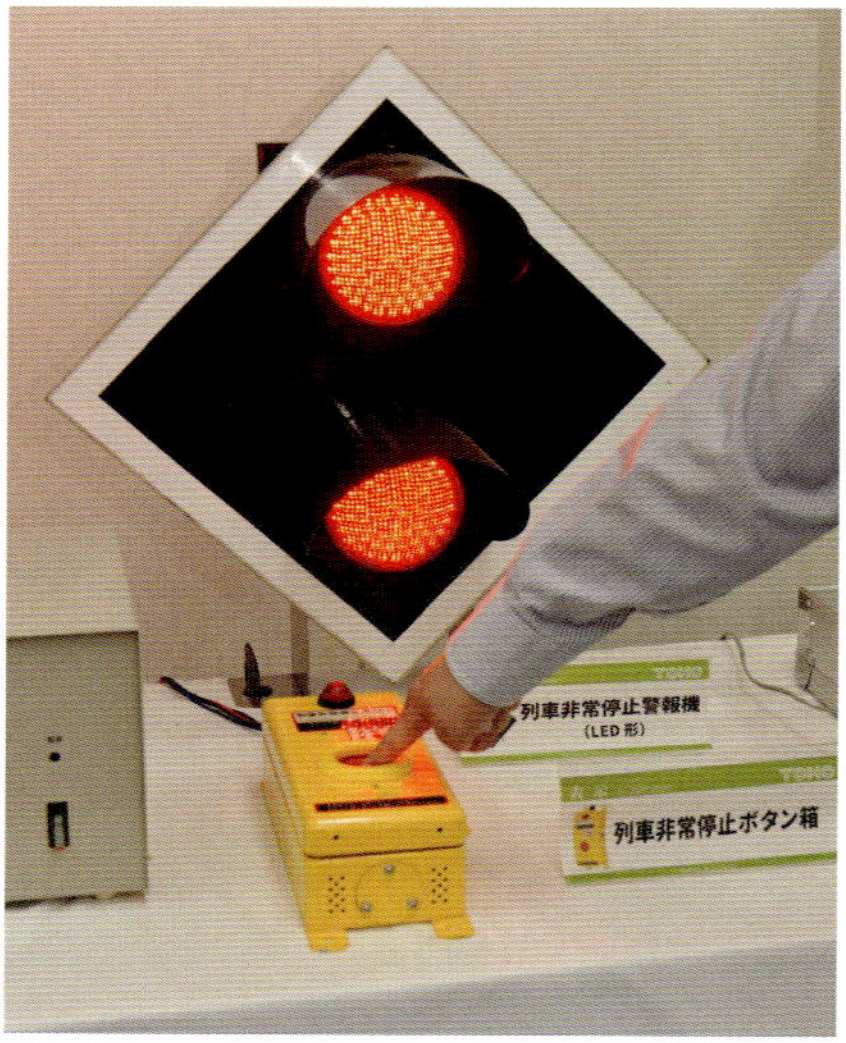

列車非常停止ボタン箱と列車非常停止警報機も製作している。ボタンを押すと、警報機が赤く点灯し、列車に停車を促す。

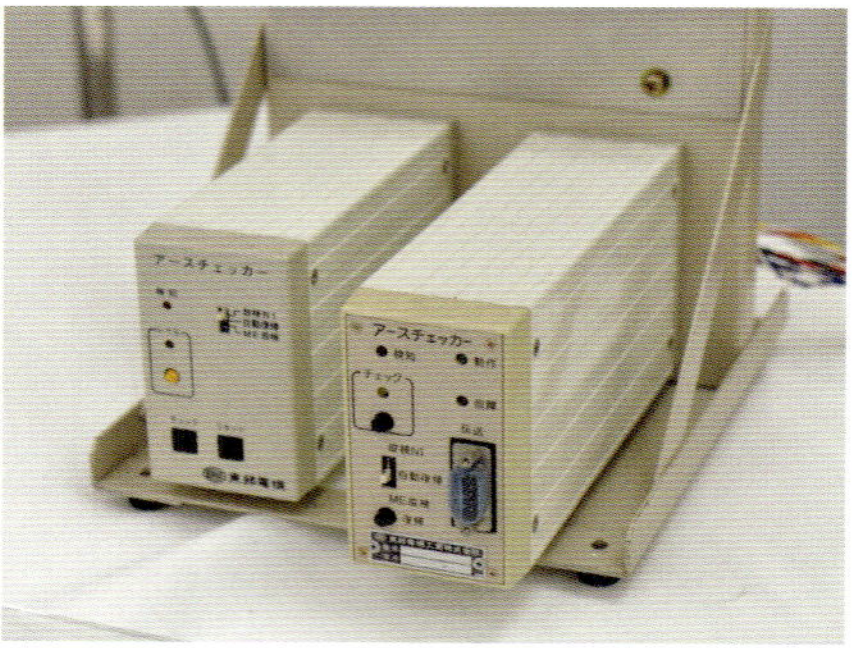

信号電源、踏切電源を監視し、アース間絶縁抵抗を常時監視して障害を未然防止するアースチェッカー。

生器、さらに東邦電機工業の主力製品である情報メモリー（VAM）や踏切故障検出器などの精密機械も収められている。

なお、列車の検出は、昔は踏切警手が目視して手動で踏切を操作していたが、後に線路のたわみをオイルで検知する方法が開発されて自動化が始まった。その後、トランジスタを採用した「踏切制御子」を開発し、完全自動化に至った。半導体や制御技術の進化に伴い、踏切に関する技術も進化し続けているが、安全に関わる装置なので、故障時は必ず安全な方に作動する構造になっている。

故障しないシンプルな機構と最新の通信機器で支える未来

警報灯を交互に点滅させる動作は「断続リレー」という機器を使用し、1分間に50回点滅する。「この時代になっても、CPUを積んだコンピューターによる制御ではなく、決まった動作を行う信頼性のある制御回路を使用しています」と塚本さん。鉄道ではすべてにおいて、確実

右の2つは多灯形色灯信号機。中央は信号用表示器で、試験中は数字がランダム表示される。

駅のホーム屋根に下がっている出発反応標識。左の標識には1990年5月19日のシールが付されている。

屋上では信号機類も耐久試験が行われている。筐体の傷み具合に加え、LEDの点灯状態も確認される。

に安全な方法が選ばれる。

警報音は「踏切警報音発生器」を使用する。警報音は踏切利用者に対し列車の接近を知らせる重要なものだが、周辺住民への騒音を防ぐために鳴動回数や遮断桿が下がったことを条件に音を小さくすることができるようになっている。

そこで気になるのは、警報音の音色や音質が会社ごとに違うことだ。伺うと、電鈴に似せて作った音のサンプルを鉄道事業者に選んでもらっているという。

「警報音は700Hzと750Hzで合成することで、どちらかが壊れても片方は必ず鳴るようにしています。同様に、警報灯も1個が点灯しなくなっても、もう1個が光るように回路設計をし、安全な方に働くように工夫しています」

長年使われている機構が現在も使用され続けているように感じるかもしれないが、東邦電機工業は最新技術との融合にも注力している。情報メモリーVAMは、リレー式踏切設備の動作状態を記憶・読み出し・データ解析をすることができる

ずらりと並んだ入換標識。写真では分かりにくいが、右の2点は防雪フードが付く。

屋上には、あまり見かけない表示器も。列車進行方向表示と注意喚起の文字が一体になった表示器。

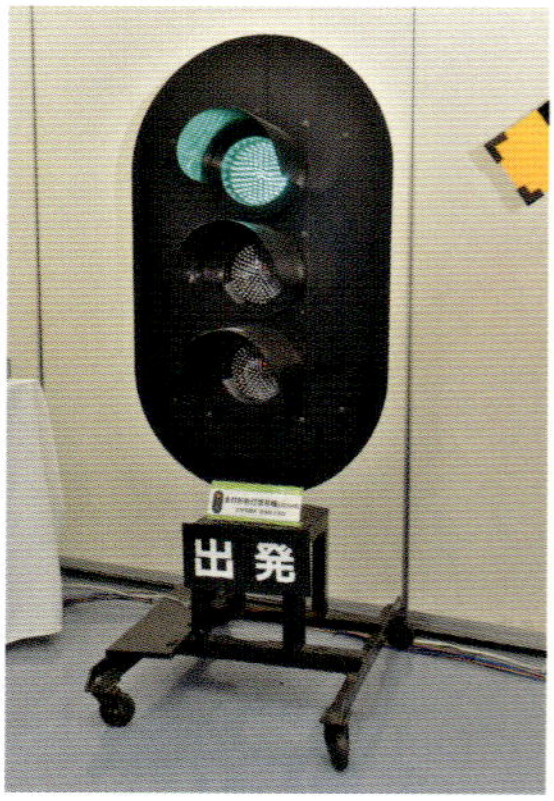

展示室に置かれた多灯形色灯信号機（主信号機用）。

踏切警標のサンプル。軽量で耐食性に優れるアルミニウム製で、黄色部分には反射素材が用いられている。

装置。踏切故障検出器が踏切の動作状態を監視し、シーケンス（作動の順序）が正しいかVAM読み出し装置で解析する。さらにVAM、踏切故障検出器、踏切警報監視器のデータを、踏切状態監視装置で伝送・遠隔監視できるシステムが開発されている。鉄道車両では、通信を使用した遠隔状態監視が増えてきているが、踏切でも同様にネットワーク上に接続されたパソコンで踏切の情報確認ができ、踏切障害や事故発生時の対応ができるようになってきているという。

　真面目な話を聞き、踏切の未来に思いを馳《は》せつつ、最後にずっと気になっていたことを切り出してみた。個人でも踏切を販売してくれるのだろうか？

　渡邉さんによると、たまに問い合わせは来るそうだが、基本的に個人には販売していないとのこと。残念。なお、過去には自動車教習所やダムに販売したことはあるという。今回の取材で、踏切への想いがまたひとつ深まった。

取材日　2021年8月31日

CHAPTER 3

踏切ディープエリア

踏切は鉄道事業者が独自に設置する。そのため、踏切を多く見てくると、設置の仕方や使用する装置に鉄道事業者の個性が見えてくる。第3章では、個性的な踏切が多く設置されている鉄道事業者やエリアを紹介。ぜひ、これらの踏切を見に出かけていただき、さらに列車に乗って路線や鉄道事業者を応援しよう。

※取材後に更新されている可能性があります。ご了承ください。

四国／愛媛県

伊予鉄道

踏切ディープエリア❶

松山市を拠点に普通鉄道と路面電車を運行する伊予鉄道。それだけでも変な踏切がありそうな気がするが、さらに瀬戸内海に面した絶景踏切もあり、是非一度訪れていただきたい踏切ディープエリアである。

松山を支える鉄道網にはおもしろ踏切が集結

伊予鉄道は、愛媛県の県庁所在地にある松山市駅を中心に、松山市〜高浜間の高浜線、松山市〜横河原間の横河原線、松山市〜郡中《ぐんちゅう》港《こう》間の郡中線の郊外電車3路線と、郊外線との接続駅である松山市駅電停を中心に、松山市の最大の観光地である道後温泉、JR松山駅前、本町六丁目などを結ぶ5路線の市内電車（路面電車）を運行している。

市内電車では、夏目漱石の小説『坊っちゃん』の中で軽便鉄道時

梅津寺～港山間の踏切。踏切設備面はいたって普通だが、ロケーションが素晴らしい。「踏切越しに見る」から、より素晴らしい景色が生まれる。

MOVIE

代の伊予鉄道が「マッチ箱のような汽車」として登場したことにちなみ、蒸気機関車風のディーゼル機関車と愛くるしい客車が人気の「坊っちゃん列車」も運転され、地元の足としてだけではなく観光客からも人気を集めている。

そんな人気者の陰に隠れて、実はおもしろ踏切の集結地帯でもある伊予鉄道。列車に乗って、度肝を抜かれる楽しい踏切たちに会いに行こう。

伊予鉄道の踏切①

海の見える絶景踏切

梅津寺〜港山間

44ページにも掲載した、梅津寺から港山寄りに最初の踏切。公民館と住宅の間を抜けると現れる。線路の向こうはすぐ海岸で、写真のような〝絶景踏切〟である。路地のような通りだが、踏切を渡った先の砂浜にカフェがあるので怪しまれることはないだろう。

県道19号から、松山高浜公民館を曲がると踏切が現れる。

梅津寺〜港山間にある伊予鉄道きっての絶景踏切。44ページと同じ踏切で、海岸沿いに走る区間にある。

遮断機、警報灯のある第一種踏切だが、通行できるのは歩行者のみ。自転車も渡れなくはないが……。

踏切を海側から見た様子。踏切を渡るとすぐに砂浜に降りる階段に。構造的に、歩行者以外は難しい。

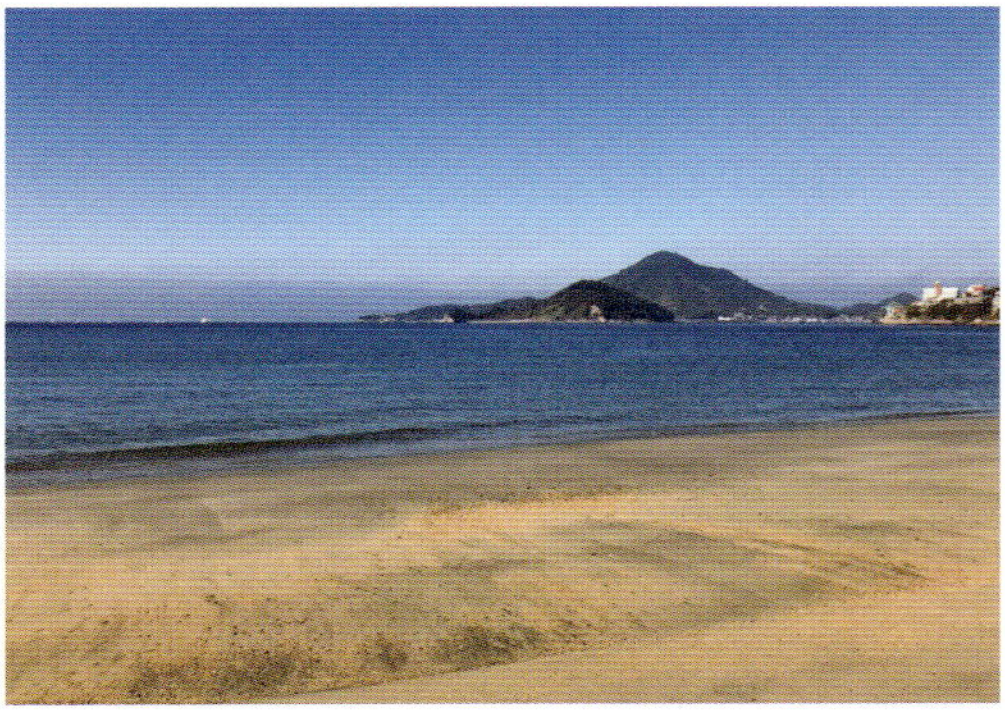

踏切を渡った先に広がる砂浜。海の向こうは大分県の別府になる。

踏切そのものは一般的な構造。潮風にもさびずに耐えている。

伊予鉄道の踏切②

手動遮断桿の第四種踏切

梅津寺～港山間

前のページで紹介した、ロケーションが素晴らしい踏切の、もう一つ港山寄りにある踏切。こちらも海がきれいだが、最大の特徴は警報機のない第四種踏切で、手動の遮断桿が付いていることだ。通行するときは、左右を確認したうえで、自分で遮断桿を上げて渡る。

第四種踏切に遮断桿を付けている鉄道事業者はそれなりにあるが、各社でつくりが違うのも見どころ。生活感あふれる内陸側から、独特なつくりの踏切越しに美しい海を望む風景は、わざわざ見に来る価値がある。

年季を感じるブロック塀や人の営みを感じさせる道具たち。それに対し、花々や木々、踏切の杭を挟んで瀬戸内海の絶景というコントラスト。狭いスペースに「夢」を詰め込んだ鉄道模型のレイアウトのようだ。

海側から見た踏切。パンダが左右を見る「とまれ」の看板もかわいらしい。

遮断桿に付く説明は「遮断ざお」と表現。小さな子どもにも分かりやすいようにする配慮だろう。

踏切を渡るときは、写真のように自分で遮断桿を上げる。

伊予鉄道の踏切③

踏切予告灯のある踏切

港山～三津間

踏切警標と警報灯は交差点の角に立つが、線路は停車している原付の所にあり、その上に警報灯がある。道路は大きくカーブしていて、手前左側に細い道が分岐する。

港山～三津間にあるこの踏切。よく見ると、画像左側の植え込みにポツンと警報機、警標が鎮座する。何とこの先の踏切の動作を予告する「踏切予告灯」になっているのだ。

実は、道路が画像手前側で急カーブしており、なおかつY字に分岐する交差点になっているためか、このような配置になっていると推測される。自動車の道路では、カーブの手前に「予告信号機」という設備を見かけることがあるが、それの踏切版だ。しかし、筆者はこの場所でしか見たことがない。

なお、写真ではお伝えしづらいのだが、予告灯から踏切までは乗用車3台分くらいの距離があるので、写真で見る以上に距離があり、異様な雰囲気がある。おもしろい踏切を多数保有する伊予鉄の中でもトップクラスで、実際の訪問をおすすめしたい。

踏切が閉じ、高浜線の電車がやってきた。「踏切予告灯」も点灯しているのが分かる。踏切から白い小型ダンプカーまで、3台が待っていて、ここまで約15mといったところ。

Googleマップでこの踏切を俯瞰（ふかん）する。左の海側から来ると、踏切の手前で大きくカーブし、斜めに踏切を横切ることが分かる。海沿いに分岐する細道との境に「踏切予告灯」が立つ。©Google

伊予鉄道の踏切④

ダイヤモンドクロス踏切

大手町駅

大手町駅横のダイヤモンドクロス（鉄道の線路同士が直角で平面交差する）踏切は、「坊っちゃん列車」や旧式の路面電車の車両と並ぶ、伊予鉄道の大人気スポットだ。路面電車と郊外電車（高浜線）が平面交差していて、時折「電車が電車を待つ光景」を見ることができる。高浜線が優先で、路面電車は自動車と同じように高浜線の列車が来ないことを確認して進行する。

　高浜線は大手町と古町《こまち》の２カ所で路面電車と交差しているため、架線電圧は路面電車に合わせて６００Ｖとなっている（郡中線、横河原線は７５０Ｖ）。

　現在、国内にあるダイヤモンドクロスは、名古屋鉄道築港線と名古屋臨海鉄道東築線が名電築港駅付近で交わるところと、高知のとさでん交通の路面電車のクロス、そしてこの伊予鉄道のクロスの３カ所のみ。線路のクロスはもちろんだが、架線同士のクロスもまた見ものだ。

路面電車の車内から見たダイヤモンドクロスの様子。

東側から見た様子。左が大手町駅。道路は遮断桿で遮られ、路面電車が郊外電車を待つ様子が分かる。

写真は西側から見たところで、右の大手町駅に高浜線の電車が入線するところ。電車が通過するときは、道路は遮断桿で遮られる。路面電車に遮断桿はないが、自動車と一緒に郊外電車が通過するのを待つ。

伊予鉄道の踏切⑤

ビルから電車が生まれる! 超豪華巨大踏切

松山市駅

松山市駅は四国地方で最多の乗降人員を誇るターミナル駅。伊予鉄道の鉄道各線、市内線、バスターミナルにタクシー乗り場まである交通の要所である。松山市民には「市駅」と親しまれると同時に、JRの松山駅と区別されている。

　高浜線、横河原線、郡中線の鉄道各線は、いよてつ高島屋のビル内に駅を設けている。そのため、必然的にビルから電車が出てくることになるのだが、横河原線と郡中線の出入り口は踏切になっているのだ。「これでもか!!」と言わんばかりの警報灯類に屈折式遮断桿。これは鉄道ファン、踏切ファンでなくとも見入ってしまう光景だ。

松山市駅の南東側にある横河原線の踏切。オーバーハング型警報灯、オーバーハングに付く警標など、高い位置に情報量が多い。駅ビルに大きな穴が開いていること、踏切があることは理解できても、ここから実際に電車が出てくると衝撃的だ。さらに奥側のビルの渡り廊下がインパクトを増し、大迫力の光景!!

松山市駅の南西側にある郡中線の踏切。こちらは立体駐車場の1階部分から顔を出す。ちなみに、この立体駐車場の1階は電車の留置線になっており（白い自動車が止まっている奥側）、「電車も停められる立体駐車場」ということもできるだろう。こちらも線路がカーブになっており、列車通過時の迫力が増す。

伊予鉄道の踏切⑥

外構フェンス踏切

牛渕～田窪間

杭の裏側に名前と距離が記載されているということは、正式に踏切なのだろうか……。

柵の途中に、保線用の門が設けられることはあるが、これは保線用ではないらしい。民生用のフェンスに土間コン(アスファルトだが)、枕木のアプローチ、さらに郵便ポストと家があれば庭先という佇まい。

松山市の北西側、高浜線の高浜方面から、ダイヤモンドクロス、松山市駅とダイナミックな踏切を見た後は、今度は横河原線で南東側に移動しよう。

「え!? 踏切?」としか言いようがない佇まいのこちらの踏切は、横河原線の薬師寺東踏切。オシャレな白いフェンスに木枕木、あとはかわいらしい花でも咲いていれば、夢のマイホームの庭先のようだ。郵便ポストの代わりに赤色に塗られた杭が立ち、白字で「ふみきりちゅうい」と書かれている。なお、カメラの反対側には住宅が建ち並び、いくら踏切マニアでも近隣の目が気になり渡ることができなかった……。

「庭先」を列車が通過。憧れの庭園鉄道模型だ。

伊予鉄道の踏切⑦

クロスになれなかった電停

本町六丁目停留場

電車が停車しているのが本町線、写真を左右に走るのが城北線。本町線はここで終端となり、城北線はクロスしない。

50ページで、伊予鉄名物ダイヤモンドクロスを紹介したが、その影に隠れてクロスになる直前で線路が途切れている……、しかももちろんちょっと「変わった踏切」というおまけ付きの場所がある。

本町六丁目停留場は、市内電車の城北線（写真左右方向）と本町線（電車が停まっている箇所）にあるが、両路線は大手町のようにクロスすることなく、2つの停留場が垂直に接続している。同じ会社の路線がこんなに近くにあるにも関わらず、線路はつながっていないのだ。

実は本町線は、国道196号沿いにこの先の山越・鴨川方面まで延伸する構想があったようだ。もし実現していたなら、伊予鉄第二のダイヤモンドクロスとして、もっと親しまれていたかもしれない。

なお、道路の信号機は踏切連動式になっている。線路脇には横断歩道も設置され、交差点のような踏切だ。かなり頑丈そうな遮断機も、この踏切のチャームポイントとなっている。

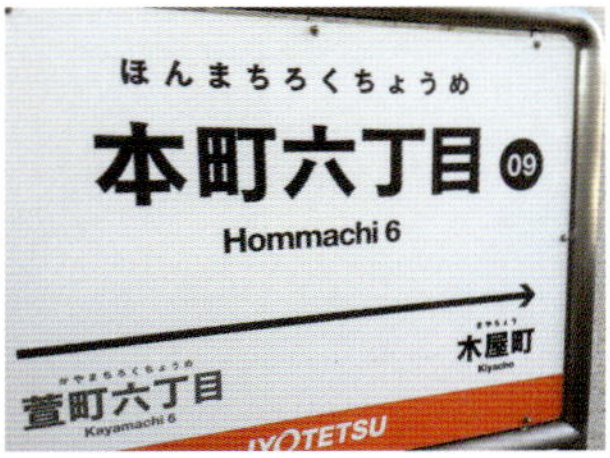

城北線の停留場の表示板。こちらは環状線なので、前後の停留場が書かれている。

上の写真では、右側の白い乗用車が止まっている脇にある遮断棹。屈折式遮断桿で、遮断機からは2本で延びている。（更新済）

伊予鉄道の踏切⑧

おもしろ配置警報灯

踏切の違いが特に現れやすいのは、警報灯の配置である。鉄道事業者は、設置箇所の道路に合わせて高さや角度、個数などを変えているが、最近は全方向型警報灯の登場で、1本の警報機柱にたくさんの警報灯が付く踏切は減りつつある。伊予鉄道で見かけた、配置がおもしろい警報灯を集めてみた。

上／両方向からやってくる高浜線の電車。下／6つの警報灯が2灯ずつ、3方向を向いて設定されている。

①港山駅付近

高浜線港山駅付近にある踏切。踏切に3方向の道路があるため、1本の支柱に3方向を向いて6つの警報灯が付いているのだが、よく思いついたな、と感心させられるおもしろい配置になっている。作動時は「上」→「下」→「上」→「下」のように点滅する。

②牛渕～田窪間

横河原線牛渕～田窪間にある踏切。一見普通の踏切だが……。左側の警標上部にあるオーバーハングがいい感じだが、よくよく見ると、警報灯が道路よりもやけに左にある。しかも右側にある柱の警報灯は、左右の高さがなぜかそろっていない。きっと理由はあるのだろうが、設置を担当された方になんでこのような配置にしたのか、ぜひ伺ってみたい。

上／一見、普通の踏切だが、左側の警報灯は歩道よりもさらに左にある。　下／右側の警報灯は、上下に異様に離れて配置されている。

COLUMN 2

鉄道と軌道がクロスする古町駅

伊予鉄道高浜線の古町駅は、松山市駅から2駅目にあたる。この駅は市内電車（軌道）と郊外電車（鉄道）がどちらも停車し、さらに古町車両工場が併設されている。おもしろいのは駅の南側で、市内電車が郊外電車を斜めに横切って進路を取ること。大手町駅のダイヤモンドクロスほどのインパクトはないが、鉄道と軌道が交差するのはおもしろい。なお、市内電車と郊外電車はどちらも軌間・架線電圧ともに同じである。

古町駅の構内踏切。軌道側はファンから「伊予鉄音」と呼ばれる独特な警報音が鳴る。 動画の10:30あたりでチェック！

駅に停車する高浜線の電車。駅本屋とホームは構内踏切で結ばれているため、ホームの端部はスロープである。

1番ホームから軌道線のJR松山駅前側を見る。軌道独特の信号機類を確認後、線路を斜めに横切る。

駅に併設されている古町車両工場。日中は伊予鉄道の車両がずらりと並んでいる。

駅の南側にある歩行者用踏切。車両通行止めの標識や、カーブした板面の「車両進入禁止」標識もインパクトがある。レトロな矢印の進行方向指示器にも注目。

郊外電車の線路を、市内電車が斜めに横切っていく。分岐器のない平面交差である。

軌道用の信号機。赤色の×印灯は停止信号、黄色の矢印灯になると進行信号。「続行」は多客時の続行運転に使用。

北陸／石川県

北陸鉄道

踏切ディープエリア❷

北陸鉄道の踏切は、なんと言っても「音」に特徴がある。現在も数多くの電鈴式踏切が活躍し、さらに警報音にもさまざまなバリエーションがある。ぜひYouTubeチャンネルで音のおもしろさを確かめていただきたい。

路線も車両も踏切もすべてが個性的

北陸鉄道は、石川県金沢市に本社を置き、県内を中心に鉄道とバスを経営する私鉄である。鉄道路線は石川線（野町～鶴来《つるぎ》）と浅野川線（北鉄金沢～内灘）の2路線で、合わせて20・6㎞を運行する。両線は場所が離れているうえ、架線電圧も異なるので一切交わることはない。

石川線は元東急7000系の7000系と、元京王3000系の7700系を運行しているが、架線電圧が600Vのため他社の廃

MOVIE

石川線の小柳〜日御子間にある日御子1号踏切。北陸鉄道では元京王（写真）と元東急の譲渡車が走り、踏切も車両も魅力的だ。

車発生品を集めて対応しており、床下に関してはほとんどの電装品が換装されている。

一方、1500Vの浅野川線は元京王3000系の譲渡車8000系を運行してきたが、2020年から東京メトロ03系の譲渡車（形式名変更なし）の投入を進めている。

そんな北陸鉄道だが、おもしろいのは車両だけではない。「踏切」もこの鉄道のおもしろ要素を盛り上げるポイントのひとつだ。令和に突入した今でも数多くの電鈴式踏切が活躍し、中には最新の全方向型警報灯と組み合わされた電鈴式踏切もある。さらに電鈴式以外にも黒電話みたいな警報音、ブザー音のような構内踏切、時限爆弾のカウントダウンのような警報音など、かなりの個体差がある。

浅野川線の七ツ屋〜上諸江間にある北安江踏切は、地方私鉄、それも単線の路線にしては非常に立派な「門」がある踏切である。しかも門とは別に、豪華なオーバーハング型警報灯まで備わり、その先の交差点には自動車用の交通信号も見える。

この踏切、当たり前に信号機と連動していると思いきや、踏切の端には「踏切一時停止遵守・信号と連動なし」という看板が……。それだけ一時停止をしないで渡ってしまう車が多いのだろう。豪華な見た目とは裏腹に、ボーっと運転していると奥の信号機に釣られて交通違反をしでかしてしまいそうだ。

自動車の運転時は気を抜かず一時停止。迷ったら止まることが最大の安全です。

北陸鉄道の踏切①

門構えが立派な豪華風踏切

七ツ屋〜上諸江間

ぐるりと囲まれた門の先を行く8000系。左の警報灯は警標の下に縦2灯、上に横2灯、さらに対岸のオーバーハング型警報灯までこちらを向いている。過去に大型車や積荷が架線にぶつかる事故でもあったのだろうか……。

踏切が開いた状態。門は縦の柱がゼブラに、上部の横棒が黄色く塗られてよく目立つ。黒いミニバンが信号待ちをしている。

踏切の手前に置かれた看板。「踏切一時停止遵守」が赤い文字で書かれている。

対岸の信号機は、レンズが四角く囲われていて、踏切を渡らないと何色が点灯しているか見えない。青信号のときに踏切で一時停止しないのを防ぐためだろう。

対岸にも同じ看板が掲げられているが、こちらから踏切を渡った先には信号はない。日頃から注意を促すためだろうか。

北陸鉄道の踏切②

電鈴に全方向警報灯のギャップ

上諸江～磯部間

浅野川線上諸江～磯部間にある上諸江踏切は、住宅街の細い道路が交わる交差点に位置する電鈴式踏切。西側は、電鈴を除けば昔ながらの普通の踏切であるが、東側は何と警報灯が全方向型だ。懐かしい「電鈴」と新しい「全方向型警報灯」というギャップがたまらない。電鈴の音は高めの打鐘音が美しく響き渡り、少しずつ音がずれていくのも大変味がある。

なお、蚊爪《かがつめ》駅横の蚊爪1号踏切も、電鈴と全方向型警報灯の警報機である。北陸鉄道には電鈴式踏切がいくつかあるが、それぞれ異なる音色を奏でるので、ぜひ聴き比べてほしい。

線路の西側の踏切は従来型の警報灯のまま。こちらは踏切に直通する道路のみなので、全方向型警報灯にする必要がないからだろう。

全方向型警報灯に交換した際に、警報機柱や警標も新しいものに交換されたようだ。しかし、頂点にあるのは電鈴式警報器！

線路の東側から見た上諸江踏切道。線路と交差する道と、線路沿いの道があるため、以前は正面と左右の4灯があったが、全方向型警報灯の導入で2灯に減った。

※この電鈴式踏切は更新されました。

北陸鉄道の踏切③

レトロな町並みに最新踏切

三ツ屋〜大河端間

浅野川線三ツ屋〜大河端《おこばた》間にある吊り橋1号踏切。電鈴式が残っていたらいいな、という思いで訪問したらすでに更新された後で、警標に警報機柱、警報灯に遮断機のユニットまできれいに新品になっていた。

電鈴ファンとしては更新は残念だが、この踏切の周囲はレトロな建物にホーロー看板、離合困難な細い路地……。そんな場所に全方向型警報灯にウェイトレス遮断機という、最新の踏切設備が設置されているギャップに、思わず撮影してしまった。風景ありきだが、これはこれでおもしろい！

昭和レトロの定番、「金鳥蚊取り線香」のホーロー看板がリアルに残る建物と、最新踏切とのギャップがたまらない。

浅野川の土手から見下ろす吊り橋1号踏切。草の合間から見える踏切のゼブラとレトロな建物の組み合わせも魅力的だ。

北陸鉄道の踏切④

横断歩道信号機付き踏切

粟ヶ崎～内灘間

浅野川線粟《あわ》ヶ《が》崎《さき》～内灘間にある粟ヶ崎3号踏切は、道路の横幅が約4車線分と広いため、警報灯が少し変わった配置の踏切である。パッと見のイメージはそんな感じであろうか。

しかし、だんだんに近づいていくと何か見慣れない雰囲気……。なんと左奥の踏切警報機柱に、歩行者用の交通信号機が付いているではないか!! しかも警標とは反対向きにだ。

全景写真の道路を見ると、たしかにそこには横断歩道がある。交差点の形が複雑な場所なので、やむを得ず線路の反対側に付けるしかなかったのだろうか。もちろん列車の通過中は歩行者用信号機が見えなくなる。

東側から見た粟ヶ崎3号踏切。単線には不釣り合いなほど広く、屈折式遮断桿など、規模とのアンバランスさはあるが……。

警報灯と信号機と……。よく見ると、歩行者用信号機が踏切警報機柱に付いているではないか！ しかも踏切は東側を、信号機は西側を向いている。

踏切の全景。両側に屈折式遮断桿を用いているが、道幅が広すぎて中間部分は塞げていない。4灯の角度が微妙にすべて違う左の警報灯も魅力的だ。

北陸鉄道の踏切⑤

ば、爆発する!?　構内踏切

額住宅前駅

石川線の額《ぬか》住宅前駅にある構内踏切は遮断機、警報機があるものの警報灯の設置がない。遮断機がない道法寺《どうほうじ》駅や、この額住宅前駅の装備を観察すると、構内踏切に使用する装備は、鉄道事業者の判断にある程度委ねられていることが推察される。

　さて、こちらの踏切の特徴は警報音である。その音はいわゆる時限爆弾タイプの音で、映画などで時限爆弾が爆発する前に流れるような「ジー！ジー！ジー！」という音になる。動画では9分38秒あたりで流れるので、ぜひ実際の音を聞いてみてほしい。

ホームから見た構内踏切。鶴来方面行きの列車で「ジー！ジー！ジー！」という音を出して作動する。

駅舎からホーム側を見た様子。ホームの端部にも遮断棹が設けられている。

ホーム側から駅舎を見た様子。線路間には網状のプレートが敷き詰められ、構内踏切で仕切られている。遮断棹をよく見ると……「脱出は車で押せ」の警告文が。もちろん、ここに自動車は入れない。

※ホーム側の遮断器は更新されました。

北陸鉄道の踏切⑥

警報音はまさにブザーの構内踏切

道法寺駅

石川線の道法寺駅は、行き違い可能な1面2線の小さな駅。駅舎はなく、駅前のロータリーとホームは構内踏切で結ばれているが、警報灯も遮断機も設置されていない。あるのは「ブザーがなると電車がきます。線路を渡らないでください。」という看板と、四角い箱の中に入ったブザー音を発生させる装置のみだ。

列車が接近すると「ピー！ピー！ピー！」という珍しい警報音が鳴り響く。警報音こそあるものの遮断機はないので、来訪される際には線路内にはとどまらない、歩きスマホで踏切内に入らないなど十分な注意が必要だ。

なお、駅の待合室の柱には、なんと廃レールが使用されている。こちらも一見の価値アリ。

ホーム側端部にはワンマン運転の確認用に曲面鏡があり、その支柱に注意書きとブザー音の発生装置が付く。

ロータリー側からホームを見た様子。構内踏切で結ばれているが、遮断機や警報灯の設置はないので、周囲をよく見て渡ろう。

ホーム上には待合室が設けられている。古レールを使用したホーム屋根の支柱が待合室の中を突き抜けている。

石川線の7000系がやってきた。遮断機はないので、歩きスマホや、無理な駆け込みで渡るのは避けたい。

まだまだある! 北陸鉄道のおもしろ踏切

北陸鉄道には、とても個性的な踏切が多いことがお分かりいただけただろう。これに加えて電鈴式踏切まで多数あるのだから、本当に退屈知らずだ。しかし、日中の列車本数は決して多くはないので、筆者も1日ではすべてを網羅できなかった。

実は北陸鉄道にはまだ、この本や筆者のYouTube動画でご紹介した以外にも、おもしろいものが多数存在しているようだ。また時間を見つけて続きを記録してゆきたい。

警報灯と警標が設置された浅野川線三ツ屋駅の構内踏切。駅に至る道も線路沿いの細道である。(更新済)

あっちむいてホイ！線路に沿った通路（手前側）とホーム（奥側）を向くため、こんな配置に。(更新済)

浅野川線粟ヶ崎〜内灘間にある、民家のための専用踏切。家の前に踏切があるなんて踏切ファンにとっては夢のようだ。「粟ヶ崎1号(2)」という後から付けたような名前もおもしろい。

石川線の野々市〜野々市工大前間にある野々市踏切。知らずに行って、見た瞬間笑ってしまった配置。

右の踏切の警報灯は、踏切と交差する正面の道と、線路と並行する道の3方向を照らす。平行する道はそれぞれ1灯のみが点灯する。

石川線小柳駅の脇にある小柳踏切。何の変哲もない踏切だが、こちら側だけ踏切注意の看板の上に照明が付いている。

石川線新西金沢駅とＪＲ西金沢駅前のロータリー。一方通行のため、自動車で一度渡ったら、必ずもう片方も通って抜けることになる。

雪国仕様のウェイトカバーが付く遮断機。中小私鉄などのローカル線には、遮断桿が直角まで上がり切らないものが多い。

砂利道にある第一種踏切。遮断機にウェイトカバーが付き、美しき田舎の風景そのもの。標識の通り軽トラ・農耕車くらいなら通行できそうだ。

石川線馬替～額住宅前間にある馬替１号踏切。線路に沿って小川が流れているため、踏切用の橋を渡して設置している。

MOVIE

北陸／福井県

踏切ディープエリア❸

福井鉄道

福井鉄道には鉄道線と軌道線があり、両線を同一の車両が直通している。以前は通常の車体の電車が道路を走る姿が人気だったが、近年は逆転してLRVが鉄道線を走る姿が定着。ギャップが楽しい鉄道路線である。

併用軌道と鉄道専用線の2種類を直通する鉄道

福井鉄道福武《ふくぶ》線は、越前市の越前武生《たけふ》駅から福井市の田原町駅と、さらに福井城址大名町停留場から分岐して福井駅停留場とを結ぶ鉄道路線。福井市街地は道路との併用軌道、赤十字前～越前武生間は鉄道専用線となっている。

地方都市の路面電車と郊外のベッドタウンを結ぶ鉄道を兼ね備えて、さらにえちぜん鉄道まで乗り入れる地域の大切な足として親しまれる福武線であるが、実はおもしろ踏切の宝庫となっている。

福井鉄道の踏切①

急カーブを道路から遮る踏切

越前武生～北府間

武生新第一踏切は、鉄道は越前武生駅を直線で出発して間もなく、急カーブに入った途中にある。道路は越前武生駅側からＹ字路のような形状で、線路沿いにカーブする道と、直線側から線路を越えて直進する道がある。この直線側の道路が線路と斜めに交わるのだが、線路が急カーブなこともあり、非常に複雑な踏切となっている。

インカーブ側では、手前２台の遮断機が写真のように斜めに閉まるのだが、道路と線路を塞ぐのではなく、道路そのものを遮断している。そして、よく見ると奥にも鉄道沿いに遮断機があるのが分かる。一般に踏切は道路と線路を遮るものだが、この踏切は道路と道路を遮っているようにも見える。道路側を整備して、遮断機を２つに減らすこともできそうなものだが、３台の遮断機で対応し、それもイレギュラーな遮り方をしているあたりがとても魅力的だ。

ちなみに踏切名の「武生新」は越前武生の旧駅名になる。この越前武生の駅名も、北陸新幹線の越前たけふ駅設置に伴い新駅名の投票が行われ、２０２３年春頃に改称される予定である。

開いているところを見ると、線路を横切る道路の両側にある遮断機が普通に閉まるように見えるが……。

線路沿いの道路から踏切を見た様子。まさかこの遮断機が道路を塞ぐとは思わない。左奥にある対岸の警報灯は、片方のみ全方向型LED灯になっている。

写真右側が越前武生駅。メインの「電車通り」は踏切を横切り、線路に沿って細い通りが分岐する。©Google

踏切が閉まり、列車がやってきたところ。警報灯と遮断機が線路の対岸にある会社の門前にあるのもおもしろい。

福井鉄道の踏切②

電球と目玉タイプのLED灯が点滅する構内踏切

家久駅

線路を渡らないと駅舎からホームへ入れない構造の家久駅には、構内踏切が設けらていれる。駅本屋側に警報灯は見当たらないので、ホーム側の2灯が点滅してホームに入る人、出る人に対して列車の接近を警告しているようだ。このうちホーム側の片目だけが目玉タイプの新しいLED灯に交換されている。

踏切とホームはL字の配置なので、必然的にこのようなランプ配置になる。入る人、出る人に対してそれぞれ1灯が点滅する形で視線に入ることになる。これだけでも珍しいのに、片目だけ目玉タイプなのでインパクトが強い。

線路の先にある福井鉄道の名物のひとつ、分岐器の積雪ガード（ポイントレールの上部に覆いを設け、可動部の積雪を防ぐ）の存在も、この風景を際立たせる。

警報機柱は1本でホームと駅本屋側に警告する。ホーム側は目玉タイプの新しいLED灯を使用する。

ホームから見ると、目玉タイプのLED灯は点灯していないくてもインパクト十分!

ホームから見た家久駅の構内踏切。遮断機、警報灯、スピーカーがあり、第一種踏切と同等の本格的な設備。奥に見える丸い屋根がY字ポイントの上に設けられた積雪ガード。雪が積もるような日も、分岐器の正常な動きを確保する。

福井鉄道の踏切③

中央に島がある幹線道路（のような）踏切

サンドーム西～西鯖江間

片側2車線の道路を遮るような踏切では、道路の真ん中に「島」があり、警報灯や遮断機が設けられている踏切も見られる。しかし、この住吉町踏切はJR鯖江駅に直通する道路とはいえ、道幅がそんなに広いわけでもないのに、真ん中の島に黄色点滅灯、警標、警報灯まで装備されるイカつい踏切なのだ。道路の規模からすれば、歩道の道路側に警標と警報灯、屈折式遮断桿、歩道用の遮断機を設ける王道パターンにすれば充分まかなえそうなのに、なぜかこんなカッコイイ踏切になっている。

　しかも一部の遮断機には雪国仕様のウェイトカバーが付いている。これは雪が噛みこんだり、遮断機のウェイトが雪に埋まってしまったりして遮断機が動作できなくなることを防ぐものだ。しかし、昨今のウェイトレス遮断機に更新されると一緒に撤去されてしまう。

雪国の踏切でウェイトカバーが普通に見られるのも今のうちかもしれない。

線路の西側（下の写真のコンビニ）から見た住吉町踏切。この配置は、写真奥から手前側に走行してきて、線路沿いの道に左折する車のための配慮なのだろうか。見えにくいが、写真側の警報灯は、両側とも1灯が横を向いているのもポイントだ。

線路の東側から見た住吉町踏切。踏切の15～20mくらい手前には、高さ制限を警告する立派な門も設置されている。

警報機柱が一番がんばっている踏切

サンドーム西～西鯖江間

前のページと同じく、サンドーム西～西鯖江間にある西鯖江南踏切。もう名前からして西なのか鯖江なのか南なのか……。西鯖江駅の南にあるから西鯖江南踏切。同様に、西鯖江北や西山南、西山北なんてものも存在する。

　名前のように警報灯もあっち向いてホイ。横の道路のためと思われるが、4灯にしないで2灯で頑張っているあたりが健気だ。

やや広めの1車線で、遮断桿1本で遮れる踏切。線路の対岸には駐車場があるので、時間帯によってはそれなりに交通量がありそうだ。

上のランプ配置に目が行ってしまいがちだが、足元もご覧いただきたい。なんと警標・警報灯が付く警報機柱に、遮断機まで一緒にくっ付いているのだ。たいがいの踏切では、遮断機は地面から独立して設置されている。かなり独特な踏切といえるだろう。

踏切が動作したところ。警報灯は2灯で、1灯は線路側を向いている。線路に沿って、ストリートビューでも表示できないような細道がある。

1本の警報機柱に警標、警報灯、さらに遮断機が付く。警標は四隅に反射材が貼付されている。遮断桿は懐かしい竹だ。

福井鉄道の踏切⑤

片側だけ目玉タイプの警報灯

水落～神明間

水落～神明間にある片町踏切は、遠くから見ると屈折式遮断桿が目に入るくらいで、ごく普通の踏切なのだが、近づいてみてみると何かがおかしい。警報灯の片目だけデカい……！

なんと、この踏切の警報灯は、向かって右側だけ、通称「目玉タイプ」のものになっている。そうなると、今度は「なぜ1つだけ目玉タイプにしたのだろうか」という疑問が湧いてくる。中央部分は点灯しないので、夜に見るともっとインパクトが強いだろう。

線路に対し、道路が斜めに交差するので、遮断桿は長い屈折式遮断桿を使用。道路のセンターは白線ではなく融雪管。

向かって右の警報灯は、通称「目玉タイプ」。ただし、北陸本線の妙泰寺踏切のように矢印の表示はない。赤目の中央部分は光らない。

向かって左の警報灯が点灯したところ。特に違和感はないが……。

線路に平行する道路もあるので、警報灯は2灯ずつ、4灯が付く。大通り向きの向かって右が、やけに大きい。

福井鉄道の踏切⑥

福井鉄道の個性的な装備が結集した踏切

花堂〜赤十字前間

花堂《はなんどう》〜赤十字前間にある月見町踏切は、部品構成が実にユニークだ。まず警報灯は、警標の上に縦に2灯を配している。しかも列車進行方向指示器は、電球で矢印を照らすレトロなタイプが付く。このほか、福井鉄道のいくつかの踏切で見られる独特な形の踏切注意柵、雪対策のウェイトカバーといった一癖あるモノがいろいろと集結した踏切だ。こういったレトロな設備たちの中で、交換されて間もないであろうピカピカの警標が、また良い雰囲気を出す。

ここを通過するのが古めの車両であればあまり違和感はないが、実際に通り過ぎていくのは色鮮やかなハイテクLRVのF1000形「FUKURAM」や、相互乗り入れを行うえちぜん鉄道L形「ki-bo」。これらがこの踏切を通り過ぎていくシーンを見ると、新旧のギャップにますます魅せられる。

月見町踏切を通過するえちぜん鉄道L形「ki-bo」。黄色いファニーフェイスのLRVと、福井鉄道の昔ながらの踏切のギャップが魅力だ。

改めてディテールを見ていこう。上から縦2灯の警報灯、警標と「踏切注意」の看板、電球式の列車進行方向指示器。手前の黄色い三角形は福井鉄道独自の踏切注意柵、遮断機の手前には大きなウェイトカバーが付く。なお、対岸はウェイトレス遮断機に交換されている。

福井鉄道の踏切⑦

3方向に向けてジャンジャン鳴る構内踏切

赤十字前駅

赤十字前駅は、越前武生からの鉄道線と、福井市街からの軌道線（路面電車）の結節点となる駅である。とはいえ、併用軌道になるのは赤十字前〜商工会議所前間で、赤十字前駅構内は鉄道駅のつくりである。駅本屋からホームへは線路を渡る必要があり、警報灯、スピーカー、遮断機のある構内踏切が設置されている。

こちらの構内踏切の警報灯は、かなり珍しい形状の箱型ケースに2灯が入るユニークなタイプで、3方向に向かって熱心に仕事をする。しかも、なんと太い支柱は遮断機の支柱も兼ねている。警報音もかなり珍しい音を奏でるので、動画でもチェックしてほしい。

ホームから駅本屋側を見る。1階の屋根に収まる短い警報機柱と、2階よりも高い、長い長い遮断桿が対照的。

オモシロいのが、こちらの看板!! 警報機は「チンチン」でも「カンカン」でもなく「ジャンジャン」鳴るみたいだ。ホーム側の遮断機に置かれている。

駅本屋側から見ると、警報灯が3方向を向いているのが分かる。しかし、向かって左側は駅本屋の壁しかない。

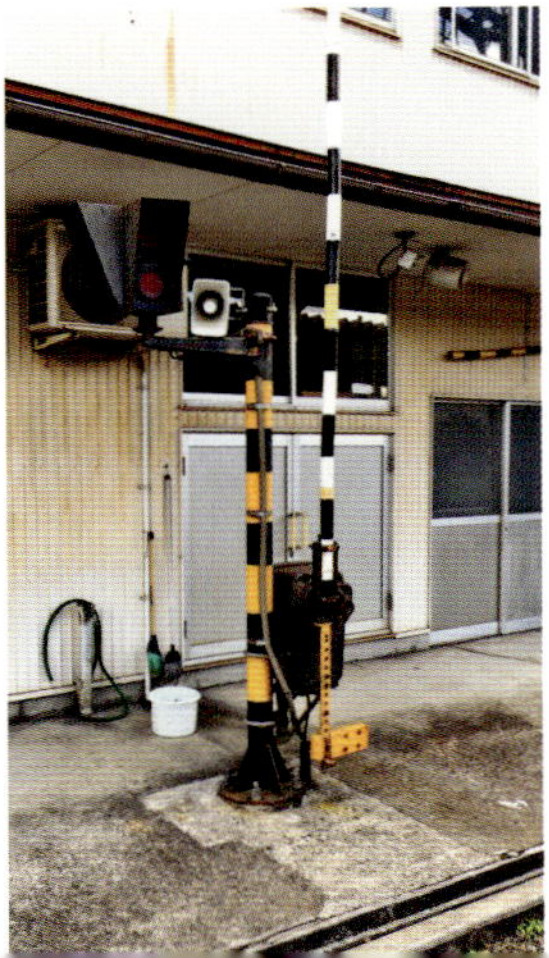

警報機柱はさまざまな装備をまさに支柱として支える。上からスピーカー、3方向を向く警報灯、裾には遮断機も付く。

福井鉄道の踏切⑧

音が面白い自由通路を兼ねる構内踏切

田原町駅

田原町駅は、福井鉄道福武線と、えちぜん鉄道三国芦原《みくにあわら》線との接続駅。福井鉄道の列車は、えちぜん鉄道に乗り入れて鷲塚針原《わしづかはりばら》まで直通運転を行っている。

　南北に進んできた福武線は、田原町駅に入る手前で急カーブを曲がり、西に進路をとる。そのため、線路は東西方向になり、南北にホームがある。なお、3番ホームには南北方向に走るえちぜん鉄道三国芦原線が停車する。

　この駅の構内踏切は、駅の南北をつなぐ自由通路を兼ね、一般の歩行者も入場券なしで通行できる。駅本屋がある南側は、警報機柱に全方向型警報灯が縦に2灯設置されている。北側は屋根から支柱が下がり、全方向型警報灯が縦に2灯付く。列車が来ると警報灯が点滅し、その下のLED表示器に「電車がきます」と表示。さらに独特の警報音とともに「電車がきます。ご注意ください」の音声が流れるが、南北で音声がだんだんズレていく。列車通過後も音声が数秒間流れ続ける点もポイントだ。

　動画を見ていただきたいのはもちろんだが、福井鉄道の踏切の中でも、ぜひ生で訪問していただきたい踏切のひとつだ。

田原町駅を出発するFUKURAM。自由通路を兼ねた構内踏切には警報灯があり、南側は警報灯柱に（奥）、北側は屋根に付く。

駅本屋側から見た北側のホーム。天井から全方向警報灯が縦に2灯、下がっている。

2・3番ホームから見た構内踏切。南側は警報機柱に縦型のLED表示器が付く。

北陸／福井県

えちぜん鉄道

踏切ディープエリア④

えちぜん鉄道は福井県で勝山永平寺線と三国芦原線の2路線を運行する私鉄。沿線には芦原温泉、東尋坊、永平寺などの観光地があり、日中はアテンダントが乗務し、乗車券の販売や観光案内を行う。

車両だけでなく踏切も特徴ある鉄道

三国芦原線では、田原町～鷲塚針原間で福井鉄道福武線と相互直通運転を行っている。直通車両は低床ＬＲＶ車両で統一されているので、一般的な鉄道車両とＬＲＶ車両が同じ線路を走行するユニークな光景が見られる。

車両は、単行用の５０００形（１両のみ）、最大勢力の６０００形、元ＪＲ東海飯田線１１９系改造の７０００形、そして福井鉄道直通用のＬＲＶ車両Ｌ形「ki-bo」を保有する。今後は静岡鉄道１０００形の導入も決定しており、目が離せない。

そんなえちぜん鉄道にも、魅力的な踏切が点在している。更新が進む前に、ぜひご自分の目と耳で感じていただきたい。

何でここに踏切が!? という場所にある草刈場踏切。詳細は82ページ参照。

MOVIE

えちぜん鉄道の踏切①

線路に直角に配置された警報灯

観音町～松岡間

勝山永平寺線の観音町～松岡間にある観音町4号踏切。一見、普通の小さ目の第一種踏切だが、よく見るとオーバーハング型の警報灯が、踏切に対して直角に配置されている。これは、踏切付近に線路に並行する小さな道が交差しているため、その道に向けた警報灯が追加されているのだ。

えちぜん鉄道では、このような珍しい配置の踏切がほかでも見られたが、最近では2灯で複数の方向を照らすことができる全方向型警報灯の普及で少なくなっている。

一見、小さな第一種踏切。オーバーハング型の警報灯が付いているが、その向きが特徴。

警報機柱に付けられた看板。

踏切を渡る道路の警報灯は、縦に2段並んでいるものが担う。オーバーハング型は線路と並行する道路に向いている。

えちぜん鉄道の踏切②

冬は渡ることができない踏切

観音町～松岡間

右ページと同じ、勝山永平寺線の観音町～松岡間には、もうひとつ紹介したい踏切がある。観音町4号踏切よりも観音町駅よりにある観音町2号踏切は、一見すると普通の第四種踏切だ。しかし、道路標識の方をよく見てほしい。

上段は「車両通行止め」で3月16日から12月15日の期間が定められている。そして、それ以外の期間は、下段の「通行止め」の標識の通り、12月16日から翌年3月15日までの期限が定められている。つまり、冬季は踏切が完全に閉鎖されて、歩行者さえも通行できないのである。

この踏切に限らず、雪国では冬季閉鎖となる第四種踏切が点在する。大雪の日などに歩行者の発見が遅れてしまったり、踏切内で転倒などしてしまったりする危険回避の意味合いが強いのだろう。

警標と「とまれみよ」に加えカーブミラーもある、住宅街に設けられた第四種踏切。その左側にある道路標識が特徴。3月16日から12月15日しか利用できない。通行止め期間はどうなっているのか、気になる。

ここも線路に並行して道路が走っている。6000形が単行で走る。

えちぜん鉄道の踏切③

複数の鐘が鳴り響く交換駅

永平寺口駅

えちぜん鉄道の主要駅のひとつ、永平寺口駅。1914年に前身の京都電燈越前電気鉄道の永平寺駅として開業、駅前広場にあるれんが造りの旧京都電燈古市変電所は国の登録有形文化財に登録されている。2002年までは、ここから永平寺線が分岐していた。

駅構内は2面3線で、改札口のある現駅舎、島式の2・3番ホーム、1番ホームのある旧駅舎（地域交流館として使用）が構内踏切で結ばれている。警報機には「鐘」が使われていて、鳴りやむ際に余韻を残すため大変風情がある。また、警報灯が縦に2灯付いているのは構内踏切では珍しい。

動作は上り（福井方面）と下り（勝山方面）で独立している。この駅で列車が行き違いをする際、まず上りの到着に合わせて1番ホーム側が鳴り、停車すると鳴り止む。その後、下りの到着に合わせて駅舎側が鳴り、上りの発車に合わせて1番ホーム側が再び鳴り、2つの鐘が「ジャンジャン」とにぎやかに鳴動する。下りは到着後に鳴り止むが、複数の電鈴がこんなに近くで同時に鳴動する場所は、全国でも珍しいだろう。

1番ホーム（旧駅舎）から駅舎側を見る。構内踏切で結ばれ、各ホームには遮断機が設けられている。

1番ホームの遮断機と警報機柱。警報機柱の上には電鈴が付き、2灯ある警報灯はホーム側と対岸側に1灯ずつ向けられている。短い遮断桿がかわいらしい。

駅舎側から見た構内踏切（左）。駅舎側の警報灯と電鈴は踏切警報機柱ではなく、架線柱に取り付けられた大変珍しいもの（右）。

福井鉄道にも「ジャンジャン」鳴ったら渡らない、という趣旨の看板があった。北陸では警報音のイメージ＝ジャンジャンなのだろうか。各社の注意喚起看板の違いに注目するのもおもしろい。

旧駅舎側から見た構内踏切。通常は開いているので、地元の人が時折自由通路のように通り抜ける。遮断機はウェイトレスタイプが使われている。

島式の2・3番ホームに停車し、行き違いをする勝山永平寺線の電車。駅停車中は、構内踏切は閉まり、2つの電鈴が「ジャンジャン」鳴り響いている。

えちぜん鉄道の踏切④

草が茂って先へ進めない踏切

発坂～比島間

下の道路から山を見上げると、木々が生い茂る中に黄色い踏切が……。しかも動く！これが知る人ぞ知る「草刈場踏切」だ。この秘境感、踏切ファンならつい行ってみたくなる。

比島駅側から進入を試みるも、「季節がくっきり」しすぎていて通行不可。レンズをズームすると、その先に鉄道標識があるのが見えた。

今度は発坂駅側に回り、線路の側道にアクセスする坂道へ。看板に書かれているような「せまい」どころではなかった。ちなみに、車両通行禁止などの看板は見当たらない。

勝山永平寺線の発坂《ほっさか》～比島《ひしま》間にある草刈場踏切は、えちぜん鉄道で最も謎な踏切だ。こんな山の中に第一種踏切が設置されているのが不思議でならない。

この自然と「草」に囲まれた踏切の名は、なんと「草刈場踏切」。しかし訪問時の周囲は名前に反して草が生い茂っていた。

この区間は、九頭竜川に沿う山の中腹に線路が敷設されている。山裾の道路から見上げると、生い茂った緑の中に黄色い警標と遮断機が見えた。これが草刈場踏切である。しかし、下からよじ登るのは厳しい場所にある。ではどのように行くのか？

実は、この踏切に至る道路は線路沿いにある。発坂駅側からも、比島駅側からも歩行者用の通路があり、草刈場踏切で線路の反対側に渡るようになっている。今回はまず比島駅側から試みたが、先に進めなかったので、発坂駅側の入り口から入った。保線用の通路といった感じで、列車が近づいてきたら、ちょっと怖く感じそうなほどの距離感である。

踏切を渡ると、今度は比島駅に向かって線路に沿った道があるものの、「草刈」がされていないので訪問時は通行不能であった。

山の中にあり、なおかつ渡った先が草だらけで通行できないため、ここを渡る人はいないだろう。草刈場踏切の名前の由来は分からないが、保線員が草刈りをする場所という意味だろうか？ 謎の多い踏切であった。

文字通り、崖っぷちに設置された踏切。保守管理するのも大変そうだ。

ようやく到達した草刈場踏切。警報機柱と渡り板の位置が結構離れているのも不思議ポイント。

比島駅側から見た草刈場踏切。こちらは警報機柱と渡り板の位置が合っている。オシャレな配置の警報灯だが、これを見るのは現地の野生動物くらいか。

踏切から比島駅方向を見る。線路沿いに細い通りがあるのだが……。草が生い茂っていて進めなかった。

発坂から比島に向かってやってきた電車。警報灯のほか、踏切動作反応灯も点滅している。

こんな場所でも、もちろん器具箱が設置されている。さらに見上げると、踏切動作反応灯も設けられていた。

今度は比島から発坂方面へ向かう電車。やはり謎の多い踏切である。

えちぜん鉄道の踏切⑤

複雑な道路配置に対応した警報灯

発坂～比島間

前のページと同じく発坂～比島間の踏切だが、この発坂踏切は発坂駅を出てすぐの位置にある。線路と直角にオーバーハング型の警報灯が設置されているが、ここは踏切を取り巻く道路が複雑だ。

南北方向に、比較的大きな県道が踏切と交差し、さらに踏切を挟んで駅前と旧来の集落とを結ぶ細い道路が逆Z字状にクロスしている。加えて、踏切とは関係ないが、この細い道路と線路に並行するように、大きな県道も走っている。

そのため、南北方向の県道と、東西方向を結ぶ細い道路それぞれに対して警報灯が設置されている。先に紹介したように、市街地の区間で見られた警報灯の配置だが、終点近くなってからの場所では珍しい。

線路の対岸側から見た様子。歩行者用に小さな踏切も付く。警報灯は線路と並行する県道を向いている。

渡って右に行った先が発坂駅。いろいろな道路が交差するので、それぞれの方向を向いた警報灯が設置されている。

複雑な道路配置の中にある発坂踏切。©Google

踏切が閉まった様子。道幅が広いので遮断桿が長い。こちらを向いて光るのは駅からの細道を向いた警報灯。

えちぜん鉄道の踏切⑥

2タイプの電車が通過する構内踏切

鷲塚針原駅

ここからは三国芦原線の踏切を見ていこう。鷲塚針原駅は、福井鉄道との相互直通運転の始終点となる駅。そのため、えちぜん鉄道の「鉄道車両」と福井鉄道直通運転用の「軌道用車両」が同居し、構内には一般的な鉄道車両用のホームと低床LRV用の低いホームが並んでいる。

鷲塚針原駅の福井駅側にある構内踏切は、鉄道車両と軌道用車両が線路を共用しているため、両方の車両が通過する。時刻によっては鉄道車両と軌道用車両が仲良く並ぶ。「警標」が付いていない警報機柱も特徴のひとつ。普通鉄道用とLRV用の2種類のホーム、構内踏切、そして国の登録有形文化財に登録されている駅本屋など、見応えのある駅である。

駅本屋から見た構内踏切。警報灯は、向かって右は駅本屋側、向かって左はホーム側を向いている。駅舎側の警報機柱には警標が付いていない。

ホームから見た駅舎側の構内踏切。警標がなく、1灯ずつ逆方向を向いた警報灯が特徴。

2種類のホームに鉄道車両と軌道用車両が並ぶ光景は鷲塚針原駅ならでは。

鉄道用ホームから見た構内踏切。軌道用ホーム側の警報機柱には警標が付いている。

あっち向いてホイの電鈴式踏切

本荘駅

三国芦原線の本荘《ほんじょう》駅にある構内踏切は、永平寺口駅と同様に、電鈴式踏切となっている。それだけなら取り上げる必要はないが、特徴は警報灯が電鈴の下で「あっち向いてホイ」していること。しかも駅舎側とホーム側で90度開いて設置されているのがおもしろい。

なお、本荘駅は1面2線の島式ホームのため、構内踏切は三国港方面行きのみ作動する。

警報機柱のてっぺんに付く電鈴に加え、2灯が90度違う角度で付く警報灯が魅力的。

駅本屋から見た構内踏切。一見、よくある構内踏切だが……。

三国港行きの列車のときのみ、構内踏切は作動する。

ホームから見た構内踏切。駅舎側のみに踏切があるため、福井方面行き（写真右側）には作動しない。

えちぜん鉄道の踏切⑧

オーバーハング型の下には歩行者用警報灯!?

水井〜三国神社間

線路の北側から見た覚善踏切。線路と交わる道路のほか、線路と並行する道路にも警報灯が付く。大きな通りなので、警報灯もこれまでに紹介した踏切とは違う、大きなものが付く。

三国芦原線の三国神社駅の手前にある覚善踏切は、交通量の多い官庁通りと呼ばれる県道が交わる場所にある大き目の踏切だ。オーバーハング型の警報灯はえちぜん鉄道では見慣れた感じだが、ここは大きな通りにあるせいか、上部に付く警報灯の形と位置に特徴がある。

オーバーハング型で踏切に対して直角に配置されているものは珍しい（えちぜん鉄道では多いが……）。しかも下部に歩行者用と思われるの小型な警報灯があるのもおもしろい。

えちぜん鉄道の踏切は、警報音も個性的なものが多い。これはぜひ動画で確認してほしい。

線路の南側から見た覚善踏切。こちらは線路と並行する道路がないので、警報灯は1方向のみ。どちら側も、向かって右側には全方向型警報灯が付いている。

線路の北側の踏切にある、歩行者用？の警報灯。歩行者目線の警報灯は珍しい。

小舟山踏切を通過する8500系「富士山ビュー特急」。高級感のある内外装で人気の観光特急だ。

旅が楽しい個性的な車両
直通列車でアクセスも便利

富士急行の路線は、大月線（大月～富士山間）23・6㎞と河口湖線（富士山～河口湖間）3・0㎞の2路線からなり、両線の境界駅である富士山駅でスイッチバックし、直通運転されている。

以前は自社オリジナルの車両が活躍していたが、現在はすべて首都圏のJRまたは大手私鉄からの譲渡車である。観光列車・特急列車には、元小田急電鉄のロマンスカーRSE（20000形）から改造された8000系「フジサン特急」、水戸岡鋭治氏が内外装を手掛けた元JR東海371系の8500系「富士山ビュー特急」、同じく水戸岡氏が手掛けた元京王電鉄5000系の1200形「富士登山電車」が路線を彩る。普通列車は元JR東日本の205系

中部／山梨県

富士急行

踏切ディープエリア⑤

MOVIE

富士急行は大月〜河口湖間、全長26・6㎞を結ぶ私鉄である。富士山を望む車窓に加え、系列の富士急ハイランドなど、観光・レジャーで人気の路線である。

（6000系）、元京王電鉄5000系（1000形）など、どの車両も大変個性的で乗車が楽しくなる工夫が施されている。

また、JR東日本の直通列車があり、E233系などの普通・快速列車のほか、E353系の特急「富士回遊」が新宿から直通し、気軽にアクセスできる。

富士山の絶景が人気だが、もちろん魅力あふれる踏切も点在する。魅力的な車両、四季折々情緒あふれる風景、踏切巡り……。この本を手に取ってくださった皆様に、ぜひ訪れていただきたい鉄道だ。

富士急行の踏切①

極端に短い屈折式遮断桿

赤坂～都留市間

赤坂～都留《つる》市間にある桜新《おうしん》踏切は、「屈折にしなくてよくないか？」と思ってしまうような極端に短い屈折式遮断桿が特徴。実に先っぽの数十cmだけが折れ曲がる。人間の「腕」と「手」の関係みたいな動きがとてもコミカルだ。

しかし、現地に行くと、なぜたった数十cmのために屈折式にしなければならなかったのか、合点がいった。

屈折式遮断桿の上空には、多くの電線が通っており、それらとの接触を避け、かつ道幅いっぱいに遮断幅を満たすために、わざわざコストの高い屈折式を導入したのであろう。

道幅に対してたったの数十cm。それくらい足りなくてもいいでしょ？と素人的には考えてしまうところだが富士急行の担当部署の誠実さの証し、といったところだろう。なお、上空に電線のない反対側の設備は、屈折式ではない至って普通の遮断桿になっている。

広い道を遮断するのでもないのに、屈折式遮断桿を採用する桜新踏切。屈折した先っぽは極端なまでに短い。

反対側は電線がないので、ごく一般的な遮断桿である。

現地を訪れると、踏切の上にある電線との接触を避けるために、屈折式遮断桿を採用したのが分かった。

富士急行の踏切②

豪華装備の第四種踏切

三つ峠～寿間

三つ峠～寿間にある日月神社踏切は、遮断桿はあるものの第四種踏切である。たいがいの鉄道会社では、警標に「一旦停止」や「左右確認」のメッセージが添えられている程度だが、富士急行はかなり豪華な仕様となっている。

おそるおそる踏切に近づくと、「あぶない!! 踏切では止まって、右、左を確認してから渡りましょう!!」という音声の出迎えを受ける。音量もなかなか大きいので、初めはビックリする。

左右を確認後、常時下がっている赤白の遮断桿を自分の手で上げて踏切内に進入する。

かなり立派な見た目の日月神社踏切。踏切注意柵は古くなった線路を再利用したもの。廃レールは鉄道施設の一部として生まれ変わることが多い。

踏切から出る際は、遮断桿を再度手で上げて出ることになる。遮断棒を上げている間は、上のパトランプが光る。

標識によると自転車も通れるようだが、利用には細心の注意が必要だ。

看板の下にあるのが人感センサー付きスピーカー。遮断桿を上げっぱなしにしてしまうと、列車は止まってしまうようだ。

富士急行の踏切③

急勾配にある頑強な踏切

下吉田～月江寺間

六叉路にある小舟山踏切。踏切とまっすぐ交差する片側1車線の通りが「おひめ坂通り」。警報機柱には、こちらを向いているものだけで6灯もの警報灯が付く。

横幅が広いため強度が必要なのか、遮断桿が赤白で塗られた、クレーンのように頑強そうな遮断機が4台設置されている。

下吉田～月江寺《げっこうじ》間にある小舟山踏切は、かなり強烈で何から説明しようか悩んでしまう踏切だ。まず、おひめ坂通りという幹線道路を中心とした六叉路の、とても複雑な交差点にある踏切で、交通量がかなり激しい。そして踏切脇の勾配標は40‰《パーミル》（踏切側は33・3‰）と線路は急勾配。つまり、傾斜地の中腹に踏切があり、この踏切を中心に道路が6方向に流れているのだ。この情報だけでも、尋常でない様子が想像できる。

踏切は横幅がかなり広く、なおかつ強度も必要なのか赤白のクレ

警報灯の下に設けられている、踏切動作反応灯のような灯具。踏切が鳴ると、道路側に赤色で点滅する。

踏切脇に設置された勾配標は、何と40‰の急勾配。

右ページのメイン写真では、一番左奥の踏切にある警報灯。レンズも、内側のLED基板も白っぽいレアもの。銘板を見ると、交通システム電機の「踏切警報灯（球体形）」で2012年10月製とのこと。

右ページの写真とは、線路を挟んで反対側から見た様子。踏切のまわりで道路が複雑に集中しているのがよく分かる。

右ページの写真と同じ側で、左側から見た様子。

ーンのような遮断機が4台活躍し迫力満点。警報機柱にはこちらを向いているものだけで6灯の警報灯があり、電球型筐体と全方向型のものが混在している。

　実は、この踏切にはもう一つ隠れた目玉がある。警報灯の1カ所は、同じ赤色灯でもほかの3カ所の警報灯と色味が少し違うのだ。全方向型のLEDランプのレンズは、通常は黒っぽい。ところがこれに関しては透明のレンズになっている。交通システム電機製の銘板があるが、LED全方向型としては古いものなのだろうか……。

　非常に興味深い踏切だが、自動車の往来がなかなか途切れないほど交通量が多いので、来訪の際には十分な注意が必要だ。

富士急行の踏切④

外国語もしゃべるバイリンガル踏切

下吉田～月江寺間

特急列車も停車する下吉田駅から月江寺駅側に歩いてすぐ。ひとつ目の踏切だ。

まず、富士急行の踏切の標準的な特徴でもあるが、遮断桿は視認性の向上を図るため、太めのカバーのようなものが付いた大口径遮断桿になっている。

また、この踏切は警報機柱の中央付近にLED表示器が設置されているのだが、列車が踏切に接近すると「電車がきます」の旨の警告が、日本語のほか、英語、中国語（簡体字）、韓国語で表示される。新型コロナウイルス禍の前に富士急行を利用した際、かなり多くの外国人観光客がこの鉄道で旅を楽しんでいた。お国柄の違いや、各々のモラル、言語の壁もあるので、列車が接近している踏切に間違って進入してしまうことがあってもおかしくはない。駅の横という立地もあり、このような対策を行ったと想像できる。

そして、最大の特徴として、何とこの踏切は動作開始から終了まで、ひたすらしゃべり続ける。こちらも日本語だけでなく数カ国語で繰り返す。一見地味な「ただの踏切」だが、とても国際的な踏切だ。

京王電鉄カラーの1000形が踏切に進入。富士急行では、大口径遮断桿を使用する踏切が多い。

線路に沿って道路があるため、警報灯は2方向に向かって2灯ずつ、4灯が付く。

上の写真とは反対側から見た踏切。警報機柱の中程にあるLED表示器には、日本語の「電車がきます」のほか、英語、中国語、韓国語の計4行で書かれている。

富士急行の踏切⑤

魅力だらけの下吉田駅構内

下吉田駅

富士急行の主要駅の一つ、下吉田駅。新倉山浅間公園《あらくらやませんげんこうえん》の副駅名も付けられている。この駅の構内踏切は個性だらけだ。まず有名なのは懐かしい電鈴式、しかも澄んだ大変美しい音色を響かせる。

と同時に、しゃべる。94ページの下吉田駅横の踏切と同じように、外国人旅行者に対応したものだ。合わせて数カ国語対応の警告文表示器も同様に設置されている。周辺には副駅名にもなっている新倉山浅間公園に建つ忠霊塔（五重塔）があり、ここからの富士山の風景が人気。この駅を利用する観光客には外国人も多いことに対応した装備だろう。

そして渋い「でんしゃちゅうい」の表示器。その隣には横断歩道の歩行者信号機のような警報灯が上下交互に点滅するのもおもしろい。遮断桿はもちろん、富士急仕様の大口径のもの。足元は階段とスロープになっている。

駅本屋からホームに向かう通路。構内踏切も、鉄道線と同様の大口径遮断桿で利用客の安全を守る。

電鈴、「でんしゃちゅうい」の表示、横断歩道みたいな警報灯だけでもすごいのに、踏切動作反応灯まで付けられていて、大変メカメカしい。

駅本屋側にある電鈴と警報類は稼働していなかった。現在も活躍しているホーム側の設備たちも、いつ更新されても不思議はない。来訪・記録はお早めに!!

通路は緩やかな階段になっている。左側はスロープで、バリアフリーに対応する。

COLUMN 3

踏切も楽しい!?
下吉田駅ブルートレインテラス

「下吉田駅ブルートレインテラス」は、下吉田駅からよく見える富士山にちなみ、寝台特急「富士」のテールマークを表示したスハネフ14形を中心に、数々の車両を展示する駅構内の施設である。

このほかにも富士急行のオリジナル車である5000形を「トーマスランド号」の塗装で保存。先代の「フジサン特急」で使用されていた2000系（元JR東日本165系「パノラマエクスプレスアルプス」）、169系急行形電車のカットモデル、さらに富士急行でかつて使用されていた貨車を保存する。

踏切ファンが注目したいのは、169系の前に遮断機と警報灯が置かれていること。しかも警報灯は2004年製、遮断機は2009年製と新しい。

トレインビューカフェ「下吉田倶楽部」も併設され、おいしいコーヒーを味わいながら、電車を眺めることができる。

富士急行線で下吉田駅まで乗車すれば無料で見学可能。乗車していない場合は、「下吉田駅ブルートレインテラス入場券」（100円・税込み）を購入する。

「富士」のテールマークを表示したスハネフ14 20。現役末期は「北陸」で使用されていた。

富士急行のオリジナル車5000系。車内の見学もできる。

2000系の部品取り用に購入した169系のカットモデル。手前には踏切が置かれている。

普段は手の届かないところにある警報灯だが、ここでは子どもでも触ることができる。

中部／静岡県

踏切ディープエリア6

天竜浜名湖鉄道

国鉄二俣線を継承した天竜浜名湖鉄道は、浜名湖の北側を走る第三セクター鉄道である。国の登録有形文化財に登録された鉄道施設が多いことで有名だが、踏切ファンには第四種踏切がおもしろい路線でもある。

鉄道遺産だけじゃない！おもしろい第四種踏切が点在

天竜浜名湖鉄道は掛川と新所原とを結ぶ67・7kmのローカル鉄道。元は国鉄二俣線だったが、1987年3月に第三セクターの天竜浜名湖鉄道として発足した。車窓には茶畑、ミカン畑、天竜川、浜名湖など静岡県らしい風景が広がる。東海道新幹線、東海道本線、遠州鉄道と接続駅があり、首都圏・中京圏からのアクセスも良好だ。

沿線には旧遠江《とおとうみ》二俣機関区を継承した車両基地に残る施設群、駅舎やホーム、橋梁など36もの国の登録有形文化財が点在する。しかし、天浜線の魅力はそれだけではない。第四種踏切を中心におもしろ踏切が点在するので紹介していこう。

天竜浜名湖鉄道の第四種踏切は、道路標識との組み合わせがおもしろさを増している。

天竜浜名湖鉄道の踏切①

360cc以下は通れる!? 踏切

桜木～西掛川間

天竜浜名湖鉄道の西掛川～桜木間にある第四種踏切。その手前には「二輪の自動車以外の自動車通行止め」の道路標識があるのだが、おもしろいのは「３６０cc以下を除く」という但し書きが付くことだ。見たところ、警標はそれほど古くなさそうだが、道路標識の方は触れずに放って置かれている感じだろうか。

　撮影時も自転車が数台通る程度の交通量が少ない場所だったので、近所の住民すら標識の貴重さに気付いていないことだろう。

待機していると、くしくもホンダの軽自動車N-ONEと昔のN３６０が描かれたラッピング列車がやってきた。３６０cc以下ということは、車体に描かれた白いN３６０は合法的に通れるのだ。

　しかし、筆者はこのN３６０に問いたい。「君はこの道を通れたのかい？」それほどまでに細い第四種踏切である。

　老朽化が激しい道路標識と、新しそうな警標。道路標識よ、これからも気付かれずに静かにここで暮らしてほしい。

第四種踏切を通過する天竜浜名湖鉄道のラッピング列車。車体側面の左に描かれた白いN360は、この踏切を通過OKの360cc以下なのだが……。

杭を避けるため、フェンスにはこの部分をくり抜く加工がされている。

メイン写真の対岸から見た踏切。こちらにも同様に「360cc以下を除く」の標識が付く。

警標は新しいものが付けられているが、道路標識はいつの時代に付けられたものだろうか？　とはいえ、これは貴重な標識。いつまでも残してもらいたい。

天竜浜名湖鉄道の踏切②

出世した!? 踏切

常葉大学前～金指間

常葉《とこは》大学前～金指《かなさし》間にある踏切は、一見すると「ごく一般的な第一種踏切」である。しかし、よく見るとひとつだけ変わった点がある。写真右側の踏切注意柵（月形柵）の裏側を注目してほしい。

推測ではあるが、この踏切が第一種踏切に昇格される前からこの場所に存在する、第四種踏切時代からの警標ではないだろうか。踏切を昇格させる場合、踏切注意柵を除いて大抵のものは撤去される。ここに残ることで「踏切を目立たせる」というメリットはありそうだが、反対側の警報機柱や風景に溶け込みすぎていて、言われなければ気付かないレベルだ。

もし第四種踏切時代からのものであるなら、この地の守り神みたいに思えて急に愛おしくなる。

ちなみに反対側には残っていないので、本当にごく普通の第一種踏切である。

一見、何の変哲もない第一種踏切。しかし、第一種には必要ないはずの「とまれみよ」が、「私に気付いて！」とばかりに見る者に呼びかける。

天竜浜名湖鉄道の踏切③

360cc以下と農耕車専用の第四種踏切

気賀～西気賀間

気賀《きが》～西気賀間にある第四種踏切も、98ページの踏切と同じように「360cc以下を除く」の但し書きが付く。さらにこちらには「小特のうち農耕作業車を除く」というものまで書かれている。

　令和にもなった今、360cc以下の車を持っているのは一部のマニアと、若い頃から大切に乗っているごく一部のお年寄りくらいなものだろう。

　そして「小特のうち農耕作業車を除く」、すなわち農耕作業用の小型特殊車両なら通っても大丈夫だというこちらの但し書きは、珍しいながらに地域性が出ている。

　続く102ページの踏切が「通れるものなら通ってみろ！」なら、こちらは360cc以下の車を「持ってるものなら通ってみろ！」といったところだろうか。

　ただこちらの第四種踏切は曲線の途中にあり、道幅も狭く、通過列車もそこそこ速度が出ていたため、仮に360cc以下の車両を持っていてもチャレンジはおすすめできない。

気賀～西気賀間にある第四種踏切。道路標識に付く但し書きがおもしろい。

上の写真とは対岸側から見た踏切。98ページの踏切と同様に、踏切の手前に杭がある

踏切の手前に立つ道路標識。「二輪の自動車以外の自動車通行止め」の標識は新しいが、但し書きは年季が入っている。

天竜浜名湖鉄道の踏切④

軽自動車も通れる!? 障害物踏切

西気賀～寸座間

西気賀～寸座間にある第四種踏切。静岡県西部の象徴である浜名湖を望む、風光明媚《ふうこうめいび》な場所に存在する、ほれぼれする景観だ。ごくごく普通の第四種踏切のようだが、少しおかしな点がある。

見通しが悪い場所のためか、自転車・バイクは一度降りなければ通行できないようにガードが立てられている。歩行者でさえもまっすぐには通過できない。

もちろん「二輪の自動車以外の自動車通行止め」の標識も立てられている。ただ、標識下部の補足の部分をご覧いただきたい。

何とこの踏切、標識的には「軽自動車・小型特殊」は通行OKなのだ。まるで「通れるものなら通ってみろ！」と言わんばかりだ。

推測ではあるが、もともとは軽自動車が通れる幅が確保された踏切だったのが、ガードを設けたことでこんな矛盾した状態になった

浜名湖側の標識は、日差しを避けるものがないので、かなり日焼けしている。特に赤は光に弱いので、青い自動車のイラストのみがクッキリ浮かび上がっている。むしろ「軽自動車で通れるものなら通ってみろ!!」と言われているようだ。

浜名湖を望む景観と、警標の組み合わせが美しい天竜浜名湖鉄道の第四種踏切。

山側の標識は、赤い部分もしっかり残っていて、標識がはっきりと分かる。

踏切を浜名湖側から見た様子。渡った先にも細い道が山へ続いている。

と思われる。ガードも脱着可能なタイプなので、必要に応じて外しているのかもしれない。

4線が並んだ鳥居前3号踏切を西側から見た様子。普通の鉄道では難しい急勾配に設けられた踏切だ。（警報灯更新済）

近畿／奈良県

踏切ディープエリア7

生駒鋼索線

大阪府と奈良県を隔てる生駒山。宝山寺をはじめ寺社が点在し、山上には生駒山上遊園地がある。そして、近鉄が運営する生駒鋼索線には、日本のケーブルカーで唯一、踏切がある。しかも、この踏切が只者ではないのだ！

人気観光地、生駒山上への輸送を担うケーブルカー

生駒鋼索線（生駒ケーブルカー）は、近畿日本鉄道（近鉄）の路線のひとつで、奈良県生駒市の鳥居前駅から宝山寺駅を経て生駒山上駅までを結ぶ。近鉄生駒線の終点、生駒駅から徒歩数分でケーブルカーの始発駅である鳥居前駅に行くことができる。

生駒鋼索線は、宝山寺線（鳥居前～宝山寺間）と山上線（宝山寺～生駒山上間）の2路線に分かれており、鳥居前駅から生駒山上駅まで乗り通す場合、宝山寺駅で乗

MOVIE

り換えが必要になる。山上線には途中駅も2駅ある。

そして、日本で唯一、途中に踏切のあるケーブルカーなのだ。しかも、その踏切がなかなかぶっ飛んでいる。たいていのケーブルカーは、1本の長いケーブルの両端に車両をつなぎ、頂上の巻上装置を回転させて車両を上り下りさせる構造になっている。そのため、単線であっても必ず中間地点で複線になり、行き違いをする。

生駒鋼索線は、宝山寺線は2線が敷設されていて、行き違い設備のある場所では複々線になっている。山上線は1線の敷設で、単線である。以上の予備知識を覚えたら、早速踏切を見に行こう。

宝山寺線はケーブルカーが2線、複線のように敷設されている珍しい路線。これだけでもすごいのだが、鳥居前3号踏切は離合区間にある踏切のため、何と複々線になっている。構造上、最大4両のケーブルカーが横並びになることができる（通常は片側の線路での運転なので2本の離合のみ）。

そしてこの踏切は、全国のケーブルカーの踏切でただ1カ所、自動車の通行ができる踏切となっている。ケーブルカーの踏切なので、線路の中央にはケーブルが通っており、運行時にはガラガラと大きな音を立てながらケーブルが動く。もちろん、アスファルトの舗装に溝を刻んで収められてはいるが、足をすくわれたら大惨事になるので注意が必要だ。そのため、踏切脇にはイラストの入った看板があり、利用者、特に小さな子どもに注意を促している。

生駒鋼索線の踏切①

ケーブルカーが複々線で走る踏切

鳥居前～宝山寺間

104ページの写真とは反対側、踏切の東側から見た様子。

また、列車進行方向指示器は2段になっている。複線運転で、かつ同じタイミングで接近すれば2段とも同時に点灯する。一度お目にかかってみたいものである。

ケーブルカーは、この区間で行き違いを行う。ケーブルの長さが決まっているので、必ず踏切のやや上ですれ違う。

警報機柱に付く列車進行方向指示器は、それぞれの線を表示するため2段になっている。

踏切の脇の看板。女の子の絵はくぐり抜け禁止、もう1枚の男の子は足下のケーブルの注意喚起。宝山寺1号線を走る、動物の形をした車両を描いた凝ったもの。

線路のほかに溝があってケーブルが動くことを注意する看板。夜間は点灯しそうだ。

鳥居前3号踏切以上の急勾配にある宝山寺1号踏切。渡った先に梅屋敷駅がある。

生駒鋼索線の踏切②

渡るのが恐ろしい！ 宝山寺1号踏切

宝山寺～梅屋敷間

山上線の梅屋敷駅のすぐ手前（入り口）にある宝山寺1号踏切。かわいらしいケーブルカー車両とは対照的に、線路を渡るのが恐ろしく感じる踏切だ。

何と、渡りの部分が枕木方向に階段になっていて、写真で見る以上に大きな段差である。そして、中央にはケーブルが通っていて、車両が動いている間は、当然ケーブルが動いている。

前のページで紹介した鳥居前3号踏切では、自動車が通れるようにケーブルは渡りのアスファルトの溝に収まっていたが、この宝山寺1号踏切では、ぼんやりしていると確実につまづく高さにある。

しかも、回転するケーブルがまき散らす油脂類の影響か、撮影時も足元が滑りやすかったので、渡るときには細心の注意が必要だ。率直なところ、小さな子どもや足腰に自信がない方との来訪はおす

駅から見下ろした山上線と生駒の市内。この景色を見ていると、列車の待ち時間も退屈しない。

踏切が鳴り、オルガンとケーキをイメージした山上線の車両がやってきた。

駅に至る道は、登山道になっている。唯一無二の踏切だ。

渡りの部分は、勾配に合わせて階段になっている。中央に張られたケーブルは、線路面よりも高さがあるので注意が必要だ。

駅舎側には全方向型警報灯が付き、間には「電車に注意」の表示がある。

すめしない。

そんな場所ではあるが、言い換えればほかの踏切では味わえない特別なおもしろさがある。山上線の最大勾配は333‰、駅であっても303‰と容赦ない。この場所の雰囲気に加え、ここから望める街の景色の美しさもあり、待ち時間も退屈しない踏切だ。

中部／三重県

四日市港周辺

踏切ディープエリア❽

臨海鉄道や貨物専用線が走る工業地帯には、見慣れぬ施設が多々ある。中京工業地帯に位置し、たくさんの工場やコンビナートを抱える三重県四日市市の港湾地帯も、同じように変わった踏切の宝庫だった。

線路のない場所にある踏切が興味を持つきっかけに

工場夜景の美しさに惹《ひ》かれ、若かりし頃の筆者はこの街によくナイトドライブに出かけた。何気なく港湾地区をドライブしていると、闇の中を照らす愛車のライトがこんなものを照らし出した。

「臨港橋」

もともと鉄道ファンであったが、線路もないのに警報機、遮断機などの踏切設備が配置された道路橋。これは一体何なのか……？

思い返せば、こんなにも「変わった踏切」にのめり込むことになったルーツは、あの日見たこの「踏切」かもしれない。

しかし四日市地区の踏切の魔力は、これだけではなかった。

筆者が踏切にはまるきっかけになった臨港橋。写真は東側から見た様子。道路の左車線に警報機柱があり、橋の両側に遮断機がある。

MOVIE

四日市港周辺の踏切①

遮断された先は船が通る踏切

四日市市末広町・千歳町間

臨港橋は千歳運河に架けられた跳開式可動橋。船舶が通る時は、油圧ジャッキで橋梁を70度ほど押し上げて開く。

1932年8月に初代が、63年に2代目の橋が架けられ、91年11月に3代目となる現在の橋に架け替えられた。初代の橋は、一つ北側に架かる、貨物列車が渡る可動橋として有名な末広橋梁と同じく、山本卯太郎が興した山本工務所の設計・製作によるもの。

深夜に初めて見た「踏切のような何か」は、いつ、どのように動くのか、どういった用途に使用されているのか疑問だらけだった。そして、この踏切が動く瞬間をこの目で見てみたい！と、踏切に興味を持つきっかけになった、思い入れのある踏切である。

警報機が鳴動し、しばらくすると橋が大きく開く。

臨港橋を西側から見た様子。船舶が通過するときは警報機が鳴り、遮断桿が道をふさぐ。

臨港橋を横（北側）から見た様子。普段の橋は降りた状態になっている（右）が、千歳運河を通過する船舶がある場合は、道路側の警報機、遮断機が動作し、ゆっくりと橋が上がっていく（左）。なお、運河側には船舶用の信号機が設置されている。

日本で唯一の現役鉄道可動橋として知られる末広橋梁を渡った貨物列車は、四日市港の中にある工場へ貨物を輸送する。このうち、最も北側にある太平洋セメント四日市出荷センターの2つ手前にある踏切が太平洋1号踏切だ（かつては小野田1号踏切と呼ばれていたが、小野田セメントは合併で太平洋セメントに改称されたため、踏切も改称されたと推測される）。

こちらの踏切は、時間になると踏切警手が操作して作動させる踏切で、なおかつ遮断機はワイヤー式となっている。同じくワイヤー式であった福岡県大牟田市の三井化学専用線の朝日町1号踏切が2020年5月に廃線になったため、現役可動のワイヤー式遮断機の踏切は日本でここだけだ。

末広橋梁、臨港橋は地域の観光資源としてかなり推されているにもかかわらず、大変貴重なこちらの踏切はほとんど触れられていない。貴重な踏切遺産として、四日市港のシンボルとして、末広橋梁、臨港橋とともにこの場所での末長い活躍を願いたい。

四日市港周辺の踏切②

日本で唯一！ ワイヤー式踏切

太平洋1号踏切

北西側から見た太平洋1号踏切。遮断桿ではなく、赤白のゼブラが付いたワイヤーが下がっている。

今や日本でここだけとなったワイヤー式踏切が開く動作を見てみよう。1枚目はワイヤーが下がった状態。通過すると道路の両側にある支柱で巻き上げられる。

今や珍しくなったワイヤー式の支柱と巻き取り装置。どちらも年季が入っている。

ほかの設備と同じように、大変年季の入った「汽車」のマークと「止まれ」の標識。（更新済）

南東側から見た太平洋1号踏切。DD16形のような専用機関車に牽引されて、工場側からセメント貨車がやってきた。

踏切の北東側から見た様子。線路まわりがきれいに修繕されている。まだまだ末長い活躍に期待したい。

オーバーハング型警報灯の裏側には、ワイヤーが引っかかることを防止するためか、特殊なガードが付く。

今や希少な踏切警手用の警手小屋。貨物専用線なので、列車が走るときは踏切警手が回ってきてスイッチを操作する。「最終確認!!」のきれいな看板が頼もしい。

四日市港周辺の踏切③

まだまだある！ 気になる踏切

四日市港線

四日市の鉄道施設として最も有名なのは、日本国内では現役唯一の跳開式可動鉄道橋梁で、重要文化財にも指定されている末広橋梁だろう。この橋梁が架かる路線がＪＲ貨物の四日市港線だ。四日市近郊では今も関西本線貨物支線、昭和四日市石油やコスモ石油専用線といった工場専用線があり、専用貨車による車扱輸送も盛んだ。

前のページで紹介した太平洋セメントのセメント列車は、三岐鉄道東藤原駅から富田駅でＪＲ貨物の機関車に交換され、ＪＲ関西本線四日市駅から末広橋梁で千歳運河を渡り、渡った先でさらに太平洋セメントの機関車に付け替えたうえで方向転換し、四日市港の太平洋セメント出荷センターへと輸送されていく。走行区間は長くないのに3回も機関車を交換する。ＪＲ区間は、かつてはＤＤ51形が、現在はＤＦ２００形が牽引する。

運河を渡って最初の第一種踏切になる臨港線東踏切。第二埋め立て地のメイン道路のためか、交通信号機は踏切連動式である。信号機にはゼブラ模様の信号灯背面板が付くが、塩害でさびている。奥の起伏は111ページの「臨港橋」。

四日市駅の北側で最初の踏切になる、関西本線の浜田踏切。二重遮断桿が特徴。

西側（臨港橋側）から見た臨港線東踏切。青い建物は踏切警手の小屋。

臨港線東踏切から太平洋セメント出荷センターに向かう線路にある第四種踏切たち。各踏切に警報機とパトランプが付き、走行するときはけたたましい警報音が響き渡る。

CHAPTER

4

おもしろ踏切アラカルト

全国には数々のおもしろ踏切が存在する。第4章では北海道から九州まで紹介しているが、仕事の傍らで趣味として踏切を巡っているので、どうしても回り切れていないエリアや路線が多々ある。「地元のあの踏切がない！」と思われるかもしれないが、まだまだ踏切を巡る旅は続くので、次の機会をお待ちいただきたい。

※取材後に更新されている可能性があります。ご了承ください。

日本最北端の踏切

稚内構内大通り踏切

所在地：北海道
所　属：JR北海道
路　線：宗谷本線
区　間：南稚内〜稚内間

日本最北端の駅、宗谷本線稚内駅のすぐ手前にあるのがこの大通り踏切だ。「大通り」という名前ではあるが、道路の規模はごく普通の片側1車線ずつの道で、人通りも決して多くはない。

大通り踏切は北国の仕様としては比較的標準的な印象を受けたが、全方向型警報灯が装備されるなど、最北端とはいえ後回しにされることなく整備が行き届いている点に、一踏切ファンとしてうれしく感じた。また、稚内駅は運行本数に対してかなり立派な駅で、道の駅も併設されて街のシンボル的な存在であった。

日本最北端の駅、稚内。線路が駅舎を突き抜けて伸びていて、「日本最北端の線路」の碑が立つ。

東側から見た大通り踏切。新しい全方向型警報灯やオーバーハング型の警報灯も取り付けられている。

遮断棹のウェイトに積雪しないように、ウェイトカバーが設置されている。雪とは無縁の地域在住の筆者にとっては珍しい装備。ウェイトレス遮断機が普及すると姿を消す可能性が高い。

西側から見た大通り踏切。非電化だが「踏切あり」の道路標識はパンタグラフのある電車である。背後のコンビニ「セイコーマート」の看板が北海道らしい。

海岸側から見た踏切。普通列車のキハ54形500番代がやってきた。

未舗装、海、踏切……。この風景は本州では見ることができないであろう。

踏切に訪れた際には、ぜひ北浜駅にも立ち寄っていただきたい。板張りの駅舎の前にはレトロな丸型郵便ポストが立つ。左側の展望台からはオホーツク海と長く続く釧網本線の線路が一望できる。

踏切には最新の「Y型」全方向警報灯が装備される。風景とのギャップがたまらないが、朝や夕日の逆光時の視認性には絶対的な効果があるだろう。

冬には流氷がやってくる踏切

北浜構内踏切

所在地：北海道
所　属：JR北海道
路　線：釧網本線
区　間：北浜～（臨）原生花園間

JR北海道の釧網本線北浜駅付近にある北浜構内踏切は、幹線道路である国道244号からオホーツク海に面した海岸に行くための踏切だ。自動車で海岸に渡れる箇所が少ないのか、場所の雰囲気の割には交通量もある。そのため、踏切の前後は舗装されていないにも関わらず、立派な第一種踏切になっている。

踏切として特別な装備があるわけではないが、この踏切を含めた眺望だけで充分に魅力的である。冬ともなればオホーツク海には流氷が流れてきて、一段高くなったこの踏切からも見渡すことができるだろう。

東側は門型になっている。一大観光地である博物館網走監獄が近くにあり、不慣れなドライバーが多いのだろうか？　警報灯もたくさん付き、派手に存在をアピールする。

側道を向いた警報灯の下にある表示器は、文字の判別が難しくなっている。踏切動作時には一緒に点滅する。

第２天都山線踏切を通過する石北本線のキハ40形2両編成。写真は西側から見た様子。警報灯がたくさんあってにぎやかだ。

第2天都山線踏切

風雪に耐える表示灯

所在地：北海道
所　属：JR北海道
路　線：石北本線
区　間：網走～呼人間

JR石北本線の網走～呼人《よびと》間にある第2天都山《てんとざん》線踏切は、オーバーハング型警報灯が付いた豪華な踏切かと思いきや、何か変わった装備が……。

側道に向かって、予告灯のような仕事をする警報灯と表示器が設置されている。伊予鉄道の踏切予告灯に近いものを感じたが、経年だけでなく、冬の厳しい気候のせいもあるのだろう。おそらく「列車がきます」と切り抜かれた文字は輪郭さえも把握できなくなっている。

なお、天都山線とは鉄道路線ではなく、網走市道天都山線のことを指す。

強固なガードで歩行者専用に

途別街道踏切

所在地：北海道
所　属：JR北海道
路　線：根室本線
区　間：帯広～札内間

ＪＲ根室本線の帯広～札内《さつない》間にある途別街道踏切には、道幅に対して不自然なバリケードが設置されている。地面の中央には縁石が設けられ、車両通行止めの看板通り、自動車の通行はできない。

かつてこの踏切は自動車の往来ができたようだが、近くに北海道道２３８号の跨線橋ができたため歩行者専用とされ、このような姿になったようだ。巨大な防護柵に貼られたトラ色の反射材に加え、中央にはクッションバリケードまで設けられ、夜間でも自動車からよく見えそうだ。

なお、ＪＲ北海道の踏切名称板は線路内に向かって付けられる。

踏切を通過する根室本線のキハ40形を南側から見た様子。警報機と遮断機のある第一種踏切だ。

踏切を北側から見た様子。こちらも南側と同様、強固にガードされている。

上の写真を、もう少し斜めから見る。縁石やクッションバリケード、さらに中央にコンクリート杭まで置かれ、自動車では絶対に通れないように徹底されている。

北海道ソーダ裏通り踏切

上から下まで派手で目立つ踏切

北海道内には「門」があるタイプの踏切が多数存在する。門の上に警標や警報灯、高さ制限の看板などが付き、地上には立派な踏切障害物検知装置も設置されている。

この踏切で一番気になるのは「北海道ソーダ裏通り踏切」という名称。線路まわりの路面の色や豪華な門など、派手で鮮やかなこの踏切にぴったりの名前だ。

なんだかおいしそうな「北海道ソーダ」とは、すぐ近くにある北海道曹達という化学メーカーの名称から付けられている。「曹達」は難読漢字で、故障・異常時などに読めないと困るため、カタカナで表記したと考えられる。

所在地：北海道
所　属：JR北海道
路　線：室蘭本線
区　間：幌別～富浦間

北海道ソーダ裏通り踏切を通過する貨物列車を北側から見た様子。室蘭本線のこの区間は電化されている。

近隣の会社は北海道曹達だが、踏切名は北海道ソーダとカタカナ表記になっている。

北海道ソーダ裏通り踏切を南側から見た様子。こちら側にも同様の門が付く。

北海道は大雪や吹雪などに見舞われるからか、構造が立体的で大きく、存在感のある踏切が多い。

線路内への立ち入りを防ぐため、パイプでバリケードが組まれている。

北側から見たコマチップ踏切。写真奥の住宅の先に海が広がる。

カバーの中の遮断機は新品であろう。活用できるものなら、ぜひ別の場所で活用してもらいたいものだが……。

「踏切注意」は残るが、メインが「路面凹凸あり」になってしまった標識。

大きな通りにあるコマチップ踏切。第一種踏切に格上げされたが、廃線になるまでの間、たったの一度も列車が通過したことがない。

一度も列車が来なかった踏切

コマチップ踏切

所在地：北海道
所　属：JR北海道
路　線：日高本線
区　間：清畠～厚賀間（廃止）

現在の日高本線は苫小牧～鵡川《むかわ》間の30・5㎞だが、このコマチップ踏切は、2021年4月に廃止された鵡川より先の廃線区間にある。もともと第四種踏切だったが、災害による休線中に道路整備のため第一種踏切に格上げ・設置されたものの、新品の設備が使用されることなく廃止となった。

道路標識に付く「踏切注意」の文字板は、北海道でよく見かける「路面凹凸あり」の標識と組み合わされる。すなわち、列車が来ない「踏切＝段差」に注意するように、と解釈できる。ちなみに正式に廃止される前は、一般的な電車が描かれた標識だった。

やけに低い警報灯

上村松踏切

所在地：宮城県
所　属：JR東日本
路　線：仙石線
区　間：陸前小野〜鹿妻間

2011年の東日本大震災で、壊滅的な被害を受けた仙石線。この上村松踏切から近い陸前小野駅も津波被害を受け、駅舎が建て替えられた。上村松踏切は陸前小野駅から鹿妻《かづま》駅寄りに2つ目の踏切。特徴的なのは南側の踏切風景で、一見、警報灯がたくさん付いた踏切だが、よく見ると向かって右側の警報機柱に警標はなく、しかも警報灯の高さが異様なほど低い。特に下の警報灯は遮断機の高さで、子どもでも手が届く。

なお、仙石線沿線にはほかにも低い警報灯が見受けられたが、理由はよく分からない。

陸前小野駅の近くにある上村松踏切。一見、警報灯がにぎやかな踏切だが、右側の警報灯が異様なまでに低い。

4方向に向かって2灯ずつ、計8灯の警報灯が1本の警報機柱に付く。線路沿いの道路は農道なので、実にぜいたくな踏切だ。

目を疑うほど低い位置にある警報灯。周辺は田園地帯で見通しもよく、なぜこんなに低いのか、推測もできない。

北側は、至って普通の踏切風景だ。草で隠れている右側に警報灯はない。

鉄道を頑なにガードする踏切

新石巻街道踏切

所在地：宮城県
所　属：JR東日本
路　線：仙山線
区　間：仙台～東照宮間

仙台を出発した仙山線はしばらく東に進むが、仙台車両センターの手前で大きくカーブを曲がり進路を西に改める。そのカーブの途中で北六番丁通りと交差する踏切が、新石巻街道踏切である。

この踏切の第一印象は、とにかく守りが堅い。踏切の手前には歩道と中央分離帯を跨ぐ門があり、しかも非常に太い。梁はゼブラではないが、警報灯、光る警標、矢印が動く列車進行方向指示器などが付き、踏切支障押ボタンは中央分離帯にも設置されている。交通量が非常に多い通りだが、過去に重大事故でもあったのか？　と思うほど頑強にガードしている。

西側から見た新石巻街道踏切。道路と線路が斜めに交差するため、踏切の開口部が広い。そのため、遮断機は車道も歩道も2台ずつあり、まず片側2車線の道路を、続いて歩道をふさぐ。

東側から見た新石巻街道踏切。基本的な構成は西側とほぼ同じ。この踏切だけで遮断機が12台もある！

門の柱部分に付く警報灯。上に丸い警報灯が2灯あり、下は「踏切注意」などの文字を表示する。

警報灯には雪よけが付く。列車進行方向指示器はLEDの表示器で矢印が流れるタイプ。

門の柱部分には踏切支障押ボタンがあり、歩道側のほか中央分離帯にもある。「非常ボタン」の矢印がこれでもか、とばかりに張られている。

大前踏切

やけに離れた警報機柱

所在地：群馬県
所　属：JR東日本
路　線：吾妻線
区　間：万座・鹿沢口～大前間

大前踏切を北側から見た様子。警報灯や遮断機が新しく、さすがJR東日本の踏切、という印象。写真の右手側に終点の大前駅がある。

南側から見た様子。北側からはあまり気にならなかったが、向かって右側の警報機柱の位置がおかしい。実は踏切の脇にあった旅館が解体され、正面の橋が架け替えられたのだ。

JR吾妻線の沿線には草津温泉、四万《しま》温泉などの温泉があり、長野原草津口駅まで特急「草津」も乗り入れる。終点の大前駅は、一日の列車発車本数がたった5本というローカル駅。そんな駅の真横にある大前踏切はローカル線の末端とは思えない全方向型警報灯、屈折式遮断桿が装備されている。ちなみに踏切の作動は、到着時は自動だが、発車するときは車掌が駅にある機械を操作するようだ。

一見、最新設備で万全の策を講じた踏切だが、南側からの写真をよく見ると、写真右側の警報機の位置が明らかにおかしい。一歩も二歩も下がった、大変謙虚な位置に設置されている。

実はこれ、道路の拡張工事中の一幕で、現在は工事も完了し、一般的な位置関係になったそうである。こういう偶然の出合いも、踏切巡りの楽しみである。

極太!! 警報機柱

上毛線101号踏切

上毛電鉄は群馬県の中央前橋駅と西桐生駅とを結ぶ25・4㎞の単線ローカル鉄道である。しかしこの踏切、「単線のローカル鉄道」とは思えないほど、警報灯、警標の取り付けられた柱が何とたくましいことか！ 確かに決して交通量が少ないわけではないのだが、ここまでガンコな設備が必要なのか少し疑問には思える。

　警報灯の周りには派手なゼブラ。そしてメンテナンス用だろうか、足場まで装備されている。しかも警報音は「ペンペンペン……」といった感じの東武鉄道に多く採用されているものだ。「とまれ」の看板には企業広告が入っている。

　特徴的なのは西側から見た踏切。車道側ではない向かって右側に豪華な設備が集中し、車道側である左側は隠れてしまうほどの警報機柱と遮断機のみと簡素なのだ。もしかしたら、左側は手前にある学校のフェンスで見えにくいので、右半分を超豪華にすることで注意を促しているのかもしれない。

踏切の東側から見た様子。どちらの警報機柱も、電信柱のような太さ。警報灯も上下に付く。左の「とまれ」の看板には広告が入る。

踏切の西側から見た様子。車道側でない右車線側を目立たせた踏切は珍しい。

国道122号と交差する上毛線101号踏切。右側に太い警報機柱が立つのが分かる。左側には学校があり、警報機柱を立てても遠くから分かりにくいので、右側の視認性を高めたのかもしれない。

所在地：群馬県
所　属：上毛電気鉄道
路　線：上毛線
区　間：天王宿～富士山下間

南側から見た踏切。第三種踏切のため遮断機は装備されていないが、自転車も入れないように厳重な柵が設置されている。

西日にやられたのか、警標は黒色が抜け、何ともいい味を出している。

電鈴のリズムにあわせて踊る踏切

上毛線104号踏切

こちらの電鈴が鳴り響くと、警報機柱が歌って踊る。

北側から見た踏切。同じ上毛電鉄でも、前のページの第101号踏切とは対照的な、きゃしゃな印象だ。

所在地：群馬県
所　属：上毛電気鉄道
路　線：上毛線
区　間：富士山下駅付近

上毛電鉄の富士山下駅の横にある踏切はレトロな電鈴式で、遮断機のない第三種踏切になる。警標が劣化により本来黒の部分が消えてしまい、さびもだいぶ出ている。そして、何ともよい味が出ている警標の上には、かわいらしい電鈴が鎮座する。踏切ファンとしては、こんな劣化も「味」として楽しんでしまうが、列車が接近し電鈴が唄い始めるとそんなことはどうでもよいくらいの気持ちになる。

何と、電鈴のかわいらしい音色にノッてくると、きゃしゃな支柱とともに警報機全体が左右に揺れ始める。まるで自分の歌声に合わせて踊っているかのようだ。

※この踏切は2022年2月28日に廃止されました。

鉄道遺産が隠れた踏切

松山街道踏切

所在地：埼玉県
所　属：JR東日本
路　線：高崎線
区　間：吹上～行田間

松山街道踏切は、JR高崎線の吹上駅から高崎寄りにすぐの場所にある。球体の全方向型警報灯やウェイトレス遮断機など、どれも新しくこれといった特徴もない。

注目してほしいのは足下だ。道路と踏切の間に鉄製のグレーチングがある。しかしこれ、実は信越本線横川～軽井沢間の碓氷峠、それもアプト式の旧線で使用していたラックレールなのである。ギザギザを向かい合わせて、適度に水が流れるようになっている。

碓氷峠と同じ国鉄高崎鉄道管理局管内だったとはいえ、こんなに離れた場所での使用例はほかに見当たらず、貴重な鉄道遺産である。

松山街道踏切を東側から見た様子。線路まわりは歴史を感じるが、踏切に関する機材はほぼ最新のものがそろえられている。

道路と線路の間には、短く切りそろえられたラックレールがずらりと並ぶ。

西側から見た松山街道踏切。それこそ何の変哲もないが、線路まわりの敷板に木材を使用している踏切は意外と珍しいかもしれない。

グレーチングではなく、ラックレールの歯車を交互に噛み合わせて側溝の蓋にしている。

駅の北側から見た踏切。右が駅の外にある歩行者用踏切。左は駅の構内踏切。よく見ると、構内踏切は遮断機を動かす動力部がない。

検見川駅構内

ワイヤー駆動の構内踏切

踏切が鳴り始めると、2つの踏切が同時に動き始める。列車進行方向指示器が両方とも点灯したので、倍速警報音が楽しめそうだ。

所在地：千葉県
所　属：京成電鉄
路　線：千葉線
区　間：検見川駅

南側から見た踏切。北側は道路、駅構内ともに独立した普通の遮断機が設置されている。

踏切の遮断機は、外側にプーリーが付き、地面にワイヤーが伸びている。

京成電鉄千葉線の検見川《けみがわ》駅にある構内踏切と、連続した隣の細い道の踏切。ふたつの踏切の遮断桿の取り付け部分にご注目いただきたい。どちらにも丸いプーリーと、プーリーから地面に向かってワイヤーが伸びている。

あくまで筆者の推測だが、駅構内の踏切は面積がギリギリで遮断機本体を設置できず、写真右にある踏切の遮断機を動力源に、プーリー・ワイヤーを介して、検見川駅構内の踏切もセットで駆動していると思われる。同時に仲良く動作する様はほほ笑ましい。

そして、京成名物である「倍速警報音」も楽しめる。これは両方向の列車が同時に接近し、片側の列車が通過しきると、何と警報音が倍速になるものである。デイタイムは検見川駅付近で列車がすれ違うことが多いので、かなりの確率で倍速音を楽しむことができる。

※この踏切はワイヤー駆動ではなくなりました。

12台の遮断機のインパクト

品川第一踏切

所在地：東京都
所　属：京浜急行電鉄
路　線：京急本線
区　間：品川～北品川間

品川駅から京急電鉄に乗り横浜方面に出発すると、ゆっくりと左に大きくカーブし、JR各線をまたぐトラス橋を渡ると今度は右に大きくカーブする。そこにある巨大な踏切が品川第一踏切である。

踏切連動式の交通信号機もあり、12台もの遮断機が一斉に動作するシーンは圧巻。4社が相互直通運転をする区間にあるため、通過車種の多さや、写真に収まる具合の良さなどもあり鉄道ファンに大変人気の場所だ。

鉄道好きならいつまでもいられるこの踏切だが、「開かずの踏切」としても有名で、泉岳寺～新馬場《しんばんば》間の連続立体交差事業が決定したことにより、近い将来に役目を終える見込みだ。利便性と安全性の向上のためにはやむを得ない。

京急名物のこちらの踏切も、現役のうちにぜひ足を運んでいただきたい。

北側から見た踏切。12台の遮断機、2段になった列車進行方向指示器、道路用の信号機、そして急カーブ。ひっきりなしに列車が通り、同方向連続通過や離合も多く、退屈する暇もない。

南側から見た踏切。品川行きの列車が通過していく。JRの線路を跨ぐトラス橋を渡る姿が鉄道ファンに人気だ。

「開かずの踏切」ゆえ、迂回路も案内されている。

学校踏切

ボーッと渡るんじゃねーよ、と教えてくれる踏切

所在地：東京都
所　属：JR東日本
路　線：東海道本線・京浜東北線
区　間：大森〜蒲田間

京浜東北線の大森駅から徒歩数分のところにある学校踏切。西側から見ると、小さめだが都市部にあるごく普通の踏切に見える。

しかし、東側にまわると階段になっている。そのため、この踏切は歩行者専用とされていて、中央にポールが立てられ、自動車・バイクはもちろん、自転車も迂回を促されている。

とはいえ、徒歩で渡っていても歩きスマホで前方不注意だと渡った先で転落しそうだ。近年、道路や線路のまわりでは、笑いごとでは済まない事故も多く発生している。スマホは家まで、または電車に乗るまでの楽しみにとっておいて、目の前の何気ない風景や、ステキな踏切たちを見てほっこりする心の余裕を持てる世の中になってほしい。まさに人生の「学校踏切」……。

西側から見た学校踏切。こちらは道路から踏切まで同じ高さで連なっているが、通りの中央にポールが立ってる。

東側から見た学校踏切。自転車でボーっと反対から来ると離陸！ ボーっと歩いてくると捻挫……。注意一秒けが一生な踏切。しかし、地域住民にとっては街をつなぐ大切な踏切。事故がなくずっと使えるように、利用者の心掛けが必要だ。

標語が書かれたアーチが特徴

新井宿踏切

所在地：東京都
所　属：JR東日本
路　線：東海道本線・京浜東北線
区　間：大森～蒲田間

大森～蒲田間には、もう一つおもしろい踏切がある。この区間は京浜東北線、東海道本線が横並びに走っていて列車が頻繁に行き交う。新井宿踏切は大森と蒲田のちょうど中間付近にあり、歩くと程よい運動になる。着くと「一旦止れ見よ右左」と標語のような注意文が入った独特の門に出迎えを受ける。「一旦止まれ　左右確認」などと普通に書かずに、なんとなくひと癖あるところがおもしろい。

そして、この踏切も先の学校踏切と同様に階段になっているのだが、こちらは両側とも階段になっている。一方で、階段の両脇に幅のあるスロープが付いているので、自転車の利用も可能だ。

西側は角度が結構きつく、4本の線路（複々線）をまたぐ踏切自体も長いため、お年寄りや障がいのある方には大変かもしれない。しかし、徒歩で移動していると前後の踏切も意外と遠く、近隣で生活する人々にとっては欠かせない踏切なのだろう。

東側から見た新井宿踏切。階段だけなら学校踏切も同様だが、手作り感のある派手なアーチが特徴。京浜東北線と東海道本線の列車が頻繁にやってくる。

中央は階段だが、両側は幅のあるスロープで自転車も通行できる。踏切の敷板は緑色で塗られ分かりやすい。

西側から見た新井宿踏切。遮断機はやや高めで、横には「しゃだんきくぐるな」の看板が。列車の多い時間帯に、危険な行為に及んだ人がいるのかもしれない。

超ショート遮断桿!!

八幡踏切

所在地：東京都
所　属：JR東日本
路　線：東海道本線・京浜東北線
区　間：蒲田～川崎間

京浜東北線の蒲田と川崎のちょうど中間付近にある八幡踏切。踏切の東側は全方向型警報灯と旧型の警報灯が仲良く一緒に働いているが、それ以外は至って普通の踏切に見える。

問題は、対岸の西側だ。こちらも一見、至って普通なのだが……。よく見ると、ずいぶんと短くてかわいらしい遮断桿が付いているのだ。長い方の遮断桿を延長するなり、2本の遮断桿の長さを均等にそろえる方が管理が楽なのでは、と素人的には思ってしまうが、線路と道路が斜めに交差していることと、道路が一方通行であることなど、きっと何かしらの理由でこのような形になったのだろう。

列車が過ぎ去り遮断桿が上がっている姿は「折られちゃったの?」と心配したくなる。動きもコミカルでかわいらしいので一見の価値あり。

線路の東側から見た八幡踏切。一方通行のため道幅が狭いが、踏切の両側では全方向型警報灯と従来の警報灯が仲良く並ぶ。

極端なまでに短い遮断桿。遮断桿は短くても、遮断機は通常のもの。きっちりと仕事をする。

反対側の遮断機が閉まると、ちゃんと道をふさぐ。嬉しくなる個性派踏切だが、屈折式遮断桿で十分ではないか……、と思ってしまう。

踏切内で列車が停車する駅
九品仏1号踏切

所在地：東京都
所　属：東急電鉄
路　線：大井町線
区　間：九品仏駅

メイン写真の第一印象は、ただ「列車が踏切を通過中の写真」だろうが、実際は九品仏《くほんぶつ》駅に列車が停車している。

九品仏駅は、二子玉川駅寄りの1両分がホームからはみ出して止まる駅である。駅の両端に道路があるため、列車を増結した際にホームを長くできなかったのだろう。二子玉川駅寄りにある九品仏1号踏切は、列車が停車すると塞がれてしまう。踏切の脇には、大井町行き列車の車掌が使用する運転取扱用のお立ち台がある。

この九品仏駅を踏切視点で見ていくと、おもしろいことはまだある。駅舎は上下線の線路に挟まれたホームの先端にあるため、駅舎の前に踏切があるが、警報音は上下線でそれぞれ違う音程のものを使用している。つまり、近接した場所で3パターンもの警報音を堪能できるのだ。

九品仏1号踏切を北側から見た様子。一見、列車が通過しているような写真だが、実際は駅に停車中で、写真の最後尾車両はドアが開かない。

踏切の脇にあるお立ち台。列車車掌はこの上にて扉の操作を行う。

九品仏1号踏切を南側から見た様子。この踏切の警報灯と列車進行方向指示器は薄型タイプに変更されている。

改札両脇の踏切。大井町行き（右）の踏切と二子玉川行き（奥）で踏切警報音が違う。「列車がきます。踏切からすみやかに出てください」の音声も男性と女性を使い分けている。

昭和電工踏切

今も現役!? な手動の第四種踏切

鶴見線は鶴見〜扇町間の本線と浅野〜海芝浦間の海芝浦支線、武蔵白石〜大川間の大川支線からなり、乗客の大半は工場の従業員である。まるで昭和にタイムスリップしたような国道《こくどう》駅や、改札からは公園にしか行けない海沿い絶景の海芝浦駅などが有名である。

変わった踏切も点在し、数年前まではワイヤー式踏切も存在したが、一般的なものに更新された。このほか、工場の敷地内を通過するため到達困難な踏切や、工場の専用踏切なども存在するので、ぜひ列車からご確認いただきたい。

紹介するのは、大川駅横にある手動遮断桿が付く第四種踏切。大川駅の先に延びている使用されていない線路上にあり、斜めに曲がった「やる気ゼロ」な警標がシンボル。遮断機には滑車があり、塞がれているものの、現在も踏切名と異常時連絡先の看板が付く。

第四種踏切なのに付く遮断機。回転部分にさび付いた滑車が付く。JR貨物の管理下にあり、渡れないようにロープが張られている。

もう1カ所、踏切を紹介しよう。武蔵白石駅付近にある武蔵白石踏切は、踏切設備自体は普通のものだが、背景の送電設備の迫力がたまらない。

大川駅（奥）の先にある工場まで線路が延びているが（左方向）、現在は使用されていないからか、警標もやる気を失っている。（警標撤去済）

所在地：神奈川県
所　属：JR東日本
路　線：鶴見線（支線）
区　間：大川駅

夜間は効果抜群！光る警標

相模大塚2号踏切

所在地：神奈川県
所　属：相模鉄道
路　線：相鉄本線
区　間：相模大塚～さがみ野間

相模大塚2号踏切を北側から見た様子。警標の隣にある表示器は、対岸のものと連動して「踏切」「注意」を表示する。列車が接近すると赤丸が点滅して警報灯になる。

相模鉄道（相鉄）の相模大塚～さがみ野間にあるこの踏切。少し変わったオーバーハング型警報機は、列車が接近していない時には「踏切」「注意」を交互に表示。そして、列車が接近すると警報灯に様変わりする優れものである。

日中はそんなオーバーハング型警報機に目が行くと思うが、この踏切が本領を発揮するのは夜間だ。日暮れ後に踏切が作動する時は、警報灯とともに警標まで点滅する（あまり目立たないが、実は昼夜問わず常時点滅している）。オーバーハング型警報灯の存在感もあり、お祭りのようににぎやかだ。ここに以前からの相鉄の車両や、最近の「YOKOHAMA NAVY BLUE」の車両、JRの車両までひっきりなしに来るのだから、つい長居をしてしまう。来訪の際は自動車だけでなく、自転車、バイク、歩行者まで交通量が非常に多いのでご注意を。

夜間の踏切が作動した状態。警標は常時点滅を繰り返しているため、写真では手前側は光っているが、奥は滅灯している。

この踏切の両脇には分岐器があり、踏切付近を起点に廃線跡が続いている。海老名方面の線路から一旦側線に入り、スイッチバックをして米軍厚木基地までジェット燃料の輸送を行う貨物線となっていた。撮影時は線路が残っていたが、現在は完全に撤去されたようだ。

※この踏切は一部機器が変更されました。

いろいろな警報灯がある踏切

朝陽駅東踏切

所在地：長野県
所　属：長野電鉄
路　線：長野線
区　間：朝陽～附属中学前間

長野駅を起点に、湯田中温泉駅とを結ぶ長野電鉄。元小田急ロマンスカーの「ゆけむり」と元「成田エクスプレス」の「スノーモンキー」が特急で走ることで有名だ。朝陽《あさひ》駅は複線から単線になる駅で、1面2線のホームがあり、木造駅舎とホームは遮断機のある構内踏切で結ばれている。ここで紹介するのは、駅から湯田中温泉駅側へすぐの踏切。警報灯は左側が旧来のタイプ、右側が全方向型と、違うものが付いている。

　これだけなら時折見かけるが、道路を挟んだ対岸には1つ目小僧のごとく、コンクリート柱に警報灯が1灯付いて、線路の対岸を照らしている。センターラインもない狭い県道だが交通量は多く、土地がない中で苦慮した結果だろう。

北側の向かって右側の警報灯。正面と左側に2灯ずつ、計4灯が縦に配される。

北側から見て向かって左は、交通量が多いものの警報灯はこの1灯のみ。街路灯も付くコンクリート柱に装着されている。

南側の警報灯は、右が全方向型、左は旧来の警報灯が付く。1組で違うタイプの警報灯が付く踏切は、警報灯の過渡期ならでは。他所でも見かけることがある。

北側から見た朝陽駅東踏切。向かって左側は遮断機のみで警報灯はなく、奥の電柱に1灯のみ付く。右の駅舎側は土地に余裕があるからか、4灯の警報灯が付く。

南側から見た朝陽駅東踏切を「スノーモンキー」が通過していく。

第3甲州街道踏切

JR鉄道最高地点踏切

長野県南牧村、JR東日本小海線の清里〜野辺山間の第3甲州街道踏切は、JR鉄道最高地点（標高1375m）にある踏切。小海線は小淵沢と小諸を結ぶ78・9kmの路線で「八ヶ岳高原線」とも呼ばれる。全体的に標高が高く、険しい勾配区間を力強く駆けるディーゼルカー、八ヶ岳の美しい高原や千曲川の大自然の眺望など鉄道ファンでなくとも十分に旅を楽しめる路線だ。

こちらの踏切は、設備的には至って普通だが、鉄道最高地点の石碑や幸せの鐘、鉄道神社があり、週末には家族連れでにぎわう。踏切の目の前には「最高地点」というレストランがあり、食事をしたりクリーミーなソフトクリームを味わいながら列車の通過を待つことができる。ほかの踏切巡りではなかなか難しい「家族全員で楽しめる踏切」としておすすめしたい。

第3甲州街道踏切を南側から見た様子。周辺が観光地化されているため、踏切が家族連れでにぎわう。手を振る家族に汽笛で応える微笑ましい光景が見られた。

所在地：長野県
所　属：JR東日本
路　線：小海線
区　間：清里〜野辺山間

JR鉄道最高地点の碑の傍らに立つ鉄道神社。かつてこの地で活躍したC56形蒸気機関車の動輪が神社のシンボル。SLからディーゼル車にバトンタッチし、現在ではキハE200形というハイブリッド車両も活躍する。

激レアというわけではないが、6灯の警報灯がこの踏切のトレードマークか。奥にはきれいなトイレ、駐車場もあり、ドライブの休憩にも便利。

「鉄道最高地点」の碑と幸せの鐘。夫婦で、カップルで、踏切デートはいかがだろうか？

極細の第一種踏切

飯田踏切

伊豆箱根鉄道は駿豆《すんず》線と大雄山《だいゆうざん》線の2本の鉄道路線を運行する。駿豆線は東海道本線の三島駅、大雄山線は同小田原駅が起点で、両線は離れていて直接の乗り継ぎはできない。

駿豆線の三島〜三島広小路間にある飯田踏切は、住宅街の路地裏にある小さな踏切。踏切の手前でさらに道幅が絞られている点がおもしろい。鉄道側からはカーブの途中にあるため、幅を極限まで絞ることで自転車や人の通行に徹底して限定したかったのだろうか、と推測してしまう。

とはいえ、本当に狭い。踏切上では歩行者同士のすれ違いすら困難だが、住宅密集地のため踏切利用者の通行はそれなりにあった。

狭い踏切だが、立派な第一種踏切である。写真は東側から見た様子。

西側から見た様子。車両通行止め標識に邪魔されている警報灯がおもしろポイントのひとつ（見る角度による）。通過車両はアニメのラッピングが施された7000系。

三島広小路駅に近い住宅街にある飯田踏切。近隣住宅に出入りするため、自動車で踏切の直前まで行くことはできるが、踏切の幅は狭いため、自転車を超える大きさでは難しい。なお、自動車が通れる踏切はすぐ近くにある。

所在地：静岡県
所　属：伊豆箱根鉄道
路　線：駿豆線
区　間：三島〜三島広小路間

駿豆線のおもしろい踏切設備

伊豆箱根鉄道の踏切

所在地：静岡県
所　属：伊豆箱根鉄道
路　線：駿豆線
区　間：田京駅ほか

新興館前踏切

伊豆長岡〜田京間にある新興館前踏切。写真右側の警報機柱に注目。やけに頭でっかちだ。何と踏切動作反応灯が警報機柱に付いている!!　全国的には珍しいものだが、伊豆箱根鉄道の踏切にはいくつか存在する。高さやサイズ感は乗務員にも見やすそうだ。

原木駅構内踏切

原木駅の構内踏切は、警標や警報灯などがないスッキリとした踏切で、遮断桿のパトライトがいい仕事をしそうだ。伊豆箱根鉄道の構内踏切によくある「かねが鳴り始めますと……」の看板はあるが、警報器はあるものの残念ながら「かね」はない。

伊豆長岡〜田京間

保線作業員用の警報だろうか。「かねが鳴り始めますと…」の看板があるどこかの駅から持ってきたのだろうか？ 20ページで反対側の写真を掲載している。電鈴には、きれいに鳴りやむものと、余韻を残しながらだんだん鳴りやむものがあるが、この電鈴は余韻を残しながらきれいに鳴りやむ。

田京駅構内踏切

田京駅の構内踏切には、やけに大きな踏切動作反応灯が設置されている。さらに伊豆箱根鉄道の踏切の特徴の一つ、遮断桿の真ん中に付いているパトランプ。夜間の通過や耳が聞こえづらい方には、列車の接近を早めに知るきっかけになるであろう。

岳南電車の踏切

電鈴踏切と変わった構内踏切

所在地：静岡県
所　属：岳南電車
路　線：岳南線
区　間：岳南富士岡駅ほか

　岳南電車は、静岡県富士市内の吉原～岳南江尾間を結ぶ、路線距離9・2km、最高時速45kmでのんびり走行するローカル線だ。車両は元京王3000系中間車の先頭車化改造車7000形と8000形、富士急行で活躍後、岳南電車にやってきた元京王電鉄5000系の9000形がある。

　電鈴式踏切は、終点の岳南江尾駅付近と、岳南富士岡駅から岳南江尾駅寄りに一つ目の踏切の2カ所が現役。岳南富士岡駅には車庫があり、かつて貨物輸送などで活躍した電気機関車の姿も見ることができる。そしてこの岳南富士岡駅の構内踏切が変わっている。角ばった珍しい形状の筐体で、文字では表現できない変わった音程の警報音を発する。

　岳南電車は、工場街のパイプラインの下を走るなど、よくあるローカル線とは違う、独特な風景が見られる。東海道本線との利便もよいので、ぜひお出かけいただきたい。

岳南江尾駅付近に残る電鈴式踏切。上は東海道新幹線の高架で、この組み合わせもおもしろい。

岳南富士岡駅から岳南江尾駅寄りに1つ目の踏切も電鈴式。電車の奥に見える木造の建物は検修庫。

岳南富士岡駅の構内踏切。警報灯も警報音も独特だ。

途中駅だが、車両整備の拠点がある岳南富士岡駅。駅舎には地元のかぐや姫伝説にちなんだ絵が描かれている。

岳南富士岡駅を出発し、岳南江尾駅を目指す列車が構内踏切を通過する。

※岳南江尾駅付近、岳南富士岡駅付近ともに電鈴のまま他の機器が更新されました。

不整脈な電鈴式踏切

地名駅構内

所在地：静岡県
所　属：大井川鐵道
路　線：大井川本線
区　間：地名駅

歴史を感じさせる地名駅の木造駅舎。

蒸気機関車の運転や、各地からの譲渡車が多数活躍する大井川鐵道。金谷で東海道本線と接続し、千頭駅までを結ぶ大変人気のあるローカル線だ。

そんな大井川鐵道のひとつの駅である地名《じな》駅。歴史を感じさせる佇まいの駅舎を通り抜けると、ホームに渡るための構内踏切があり、背が低めの電鈴式警報機が設置されている（この踏切は千頭方面行きの列車しか通過しない）。

列車が接近すると、とてもやさしい音色が駅に響き渡るが、老朽化のためか、たまにリズムが崩れる、いわゆる不整脈状態になり拍子抜けする。

しかしこの駅舎とこの電鈴式踏切を蒸気機関車が通過すると、昔の日本の踏切や鉄道風景はこうだったのか、と感じさせてくれる。保守や部品の手配など苦労はあると思うが、ぜひ長く残してほしい踏切設備のひとつだ。

ホームの先端に立つ構内踏切の電鈴。警報灯は駅舎側とホーム側に2灯ずつ付く。

1面2線のホームのため、構内踏切は千頭方面行きの列車のみ動作する。

地名駅の千頭側にある「日本一短いトンネル」。元はこの上を索道が通っており、落下物による事故を防ぐ目的で建設された。

駅舎側から見た構内踏切。周囲の建物と比べても警報機が低いことが分かる。

※この踏切の電鈴は廃止されました。

踏切といっても、日常的に列車が通るわけではないので、警報灯も遮断機もないが、信号機が設置されている。通常は黄色点滅をしているが、輸送列車が走るときは赤信号になり、警備員が立つ。

佐奈川沿いの桜が美しい油通踏切。DE10形に牽引されて名鉄の新車がやってきた。機関車の運転室辺りに見えるのが歩行者へ向けた信号機。

できたての車両が通過!!

油通踏切

所在地：愛知県
所　属：日本車輌製造
路　線：豊川工場専用線
区　間：豊川〜豊川工場間

愛知県豊川市にある鉄道車両の製造工場、日本車輌製造（日車）の豊川工場からJR飯田線の豊川駅に向かって、できたての真新しい鉄道車両を輸送するための専用線が延びている。日車生まれの鉄道車両が工場内以外の線路で初めて走るのがこの線路だ。専用線内にはいくつかの踏切があるが、この油通踏切はそのひとつである。

列車通過時刻が近づくと辺りは鉄道ファンが集まり、にぎわいを見せる。そして列車が接近すると、けたたましいブザーが鳴り、普段はずっと黄色点滅を繰り返している信号機が赤になる。道路には警備員が立ち、笛を吹いて交通を止めると、ディーゼル機関車に引っ張られながら、ゆっくりゆっくりと新車が運ばれてくるシーンは何歳になっても心が躍る。

ちなみに、この油通踏切は歩行者に対しても自動車用と同じ機構を使用している点がおもしろい。歩道の信号機のまわりには白と緑のゼブラ枠が取り付けられていて、特別な設備であることを主張しているようだ。

(ロッドで動かす遮断桿)

江南18号踏切

名鉄犬山線の柏森駅からすぐ西側にある江南18号踏切。交通量が多く、撮影しにくい場所にある。この踏切もユニークである。狭い土地に無理やり踏切を設置したためであろうか、ウェイトのある遮断機を置くスペースの捻出ができなかったのか、長いロッドを介して遮断桿を動かしている。

見た目だけでも充分にインパクト満点だが、ぜひ実際に動きを見ていただきたい踏切のひとつだ。筆者のYouTubeチャンネルの「変な踏切大集合」にて「動き方」もご覧いただけるように準備中だ。

所在地：愛知県
所　属：名古屋鉄道
路　線：犬山線
区　間：江南〜柏森間

駅付近のため狭い歩道も含め、交通量は多めの江南18号踏切。一見ごく普通の名鉄の踏切だが……。

遮断機と遮断桿の間に、何やら不思議なロッドが！ このロッドを介して遮断桿を動かしている。ほかでは見たことがない特殊な構造だ。

犬山線の踏切といえば、布袋〜江南間の布袋3号踏切、通称「サングラス大仏踏切」が有名。布袋駅で下車し、徒歩約15分。鉄筋コンクリート製で高さ18m、何と個人で建立・所有しているという布袋の大仏様。警報灯が作動し、目が交互に光るシーンはインパクト満点だ。

3種類の線路幅がそろう踏切

益生第4号踏切 ほか

所在地：三重県
所　属：近畿日本鉄道・JR東海・三岐鉄道
路　線：名古屋線・関西本線・北勢線
区　間：桑名駅周辺

三重県桑名市にある桑名駅のすぐ近くにある「構内踏切」という名の踏切は、西から近畿日本鉄道（近鉄）名古屋線、JR関西本線、三岐鉄道北勢線を跨いでいる。特徴は線路の幅で、順に1435㎜、1067㎜、762㎜と3種類の軌間が並んでいる。

踏切の敷板はつながっているが、名称は近鉄が益生第4号踏切、JR東海は桑名駅構内踏切、三岐鉄道は西桑名第2号踏切と独立した名称を持つ。いずれも歩行者・自転車用で、バイクや自動車は通ることができない。また、近鉄側とJR・三岐鉄道側で警報機の音色、テンポが微妙に違う点もおもしろい。

なお、三岐鉄道北勢線は軽便鉄道時代の名残を残す762㎜のナローゲージで運転されている貴重な路線。懐かしい吊掛駆動のモーター音を響かせながら、のんびり走る楽しい車両に、来訪の際にはぜひ乗車していただきたい。

西側から見た踏切。自動車通行禁止の標識が立てられている。

手前2本が近鉄の益生第4号踏切、中間の通路が細くなった踏切がJR東海の桑名駅構内踏切、渡る人の先に三岐鉄道の西桑名第2号踏切がある。

写真上から近鉄の1435㎜、JRの1067㎜、三岐鉄道北勢線の762㎜。軌間の違いを実感できる貴重な踏切だ。

踏切を行く三岐鉄道北勢線の電車。軽便鉄道時代の名残を残す、762㎜のナローゲージで運転されている貴重な路線。

山城6号踏切を通過する三岐鉄道の電車。緑の多い踏切に黄色い電車がよく似合う。

今や希少な存在になった電鐘式の山城6号踏切。警報機柱の上には、電鈴式よりも細長い鐘が付く。

貴重な電鐘式が現役で活躍!!
山城6号踏切

所在地：三重県
所　属：三岐鉄道
路　線：三岐線
区　間：山城～保々間

MOVIE

山城6号踏切は3:19から。幻となった山城8号踏切は2:10から収録。

山城6号踏切よりも保々寄りにある山城8号踏切。こちらは残念ながら撮影後に更新されて、電鐘式ではなくなった。

三岐鉄道三岐線の山城～保々《ほぼ》間にある山城6号踏切は、現存・現役稼動中の数少ない電鐘式踏切だ。電鈴式と異なり、頂上部が「鐘」になっている。強めで大変はっきりとしたきれいな音を奏でるのが魅力的だ。ぜひ動画で電鈴式との音色の違いを確かめてほしい。

第1章20ページの「警報音」で紹介した「電鐘式」はこの近くの山城8号踏切のものだが、現在は電子音の警報機に更新されている。山城6号踏切についても、いつ更新されても不思議ではない。

筆者としては、今では珍しくなった設備を何とか集客に使えないか、と考えてしまうが、踏切は鉄道にとって最も大切な安全を守る保安設備で、信頼性、メンテナンス性、部品調達、音量調整ができないなど、事業者側からしたら無理して管理を続けるほどのメリットがない点も理解はできる。

とはいえ、一つくらいは残っていてほしいものである。

北側から見た踏切。中央分離帯にも遮断機があり、広い通りを遮る。交通信号機は縦型の雪国仕様。

道端に設けられた屈折式遮断桿。太いアームが特徴だ。車道だけでなく歩道も遮る。

不二越・上滝線の接続駅、南富山駅。建物の2階には研修センターがあり、屋上に踏切や鉄道信号があるのが見える。

頑丈そうな遮断桿が遮る交差点

南富山駅周辺

所在地：富山県
所　属：富山地方鉄道
路　線：不二越線ほか
区　間：南富山駅

左下が南富山駅。右上に向かって不二越・上滝線が延びる。軌道線は県道を走って南富山駅前が終点になる。踏切から右方向に伸びる道の踏切もある。
©Google

富山地方鉄道（富山地鉄）の南富山駅は不二越・上滝線と軌道線（市内電車）の本線（南富山駅前）が接続する駅。この駅には乗務員の研修センターがあるためか、駅ビルの屋上には「踏切」が鎮座している。

踏切に対する気合を感じるこの駅ビルに背を向けて歩くと、間もなく大きな踏切に到着する。ここは県道富山上滝立山線と不二越・上滝線が斜めに合流し、踏切の手前には軌道線の線路もあるため、踏切全体が巨大な交差点になっている。県道側に警報灯はなく、踏切信号式になっている。

遠くから見ると、大きな屈折式

脇道にある踏切は通常サイズ。警報灯の配置がかわいらしい。

正面から見ると、アームの屈強さがわかる。上になる側の上面には鉄板が付いている。

南側から中央分離帯側を見る。自動車が出て行く側も遮るため、4基設置されている。右から2つ目の遮断機だけ新しい。

軌道線の南富山駅前にも構内踏切が設けられている。

遮断機が動作した状態。遮断機というよりも、クレーンが動いているようだ。

遮断桿が付いた普通の踏切に見えるが、近づいてみると何かおかしい。遮断桿がクレーン車のアームのようで、ものすごく頑丈そうな遮断機が使用されている。踏切が巨大なため、8台ある遮断機のうち5台がクレーンのような遮断機だ。ただし、元は6台がクレーンアームだったが、1台は新しい屈折式遮断桿に更新されている。なお、残る2台は分岐する細道のための遮断機で、通常サイズのものが使われている。

これだけ複雑かつ、交通量の多い大きな踏切なので、こういった設備にしたということは想像できるが、実際の効果やメンテナンス性、部品ストックなどにかかる手間や費用など気になるところではある。

見た目のインパクトは抜群！タイミングやアングル次第では軌道線との共演も見ることができる。

警報灯と矢印が同時に灯る！

妙泰寺踏切

所在地：福井県
所　属：JR西日本
路　線：北陸本線
区　間：南条〜王子保間

北陸本線の南条〜王子保《おうしお》間にある妙泰寺踏切は、一見ごく普通の踏切である。しかし、列車が接近し作動すると、目玉のように中央が開いた丸いLEDと、進行方向を示す矢印が、何と一緒になっているではないか！

このタイプの警報灯は、北陸地方の踏切で採用例が多いように感じる。LEDの普及により、警報灯や列車進行方向指示器の構造やつくりに変化が現れていることは他章でも述べてきたが、警報灯に矢印を加えることで、列車進行方向指示器そのものをなくしてしまうのは、おもしろい試みである。

警報灯は2灯とも矢印が表示され、その上から警報灯が交互に点滅する。昼間の作動シーンはとてもカッコイイ!! 少しさびた警報機柱とのコントラストがたまらない。

のどかな農村地帯にある、北陸本線の妙泰寺踏切。電球の収まる枠が少し大きいが、一見どこにでもある地方路線の踏切である。

列車通過後の作動終了直前。矢印が消えると中央が灯らないので目玉のようになる。こわ楽しい踏切。

こちらは夜間の作動シーン。昼間はとてもかっこよく感じたが、夜間はちょっと怖い（笑）。

バスターミナル側から見た踏切。阪急バスを利用する場合に、横断歩道を渡って対岸へ渡る。遮断桿はゼブラだが、遮断機は青色だ。

信号は押しボタン式で、ボタンを押してしばらく待つと信号が変わり、遮断桿が上がる。自分で操作できる踏切、ともいえる。

阪急バスのりばからバスターミナル側を見た様子。ホーム柵のようなものもあり、都市の鉄道のようだ。

赤信号のときは遮断機が閉まっていて、バスは止まらずに通り抜けることができる。

駅にあるけれど通るのはバス

大阪駅 JR高速バスターミナル

所在地：大阪府
所　属：JR高速バス
場　所：大阪駅

JR大阪駅の1階にある「大阪駅JR高速バスターミナル」は、関東、北陸、東海をはじめとする各地へ向かう高速バスが発着するターミナルとなっている。ここには何とバスの踏切がある。

踏切が閉まるとバスが通過していくのだが、鉄道踏切と違うのは遮断桿が下りてくるときに「バーが下がります。ご注意ください」という音声案内が流れることだ。

また、警報灯ではなく横断歩道と同じような歩行者信号機が付き、赤に変わる前には青色が点滅する。「踏切」というよりは横断歩道に遮断機が設置されている、といった雰囲気だ。

2013年にピンク色で塗装され、ハートの装飾が施された。駅の外に待合室があり、自動販売機では飲料類とともに恋山形駅グッズも扱う。

駅舎がなく、2面2線のホームがあるだけのシンプルな恋山形駅。奥の2番線との間に構内踏切が見える。右にあるのが恋ポスト。

遮断桿が下りると、特急が「高速で」通過していく。

1番線に特急が運転停車。よく見ると、ホームの先端にある遮断桿が上がっている。

ピンク駅で特急に閉じ込められる

恋山形駅構内踏切

所在地：鳥取県
所　属：智頭急行
路　線：智頭線
区　間：恋山形駅

恋山形駅は鳥取県にある智頭急行智頭線の駅。当初は「因幡山形駅」とする予定であったが、地元の要望で「来い山形」をもじって「恋山形」という駅名になった。

写真のように一面ピンク色の駅だが、ここには高規格路線の智頭急行では珍しい設備がある。それが踏切だ。さすがに恋山形駅といえども、構内踏切の設備はピンク色にはされていない。警報音も構内踏切では一般的な「ポーンポーン……」というものだ。

しかし、特急列車が運転停車をし、すれ違いをするときは不思議な状態になる。特急が踏切上で運転停車しているにも関わらず、遮断桿は上がり、踏切の動作が停止している。つまり、2番線（カメラのある側）にいる人は踏切が作動していないのにホームから出られず、閉じ込められた状態になる。

そうこうしている内に、踏切は再度作動を開始し、反対の特急が接近。アナウンスが流れるが、何と「2番線を特急列車が『高速で！』通過します」というものだ。

智頭急行を走行するディーゼル特急は、車体を傾かせながらカーブを高速で駆け抜けることができる振り子式車両。性能を最大限に発揮して通過していった。

宇部興産専用道路踏切

踏切を通るのは専用トレーラー

所在地：山口県
所　属：宇部興産
路　線：宇部興産専用道路
区　間：宇部興産専用道路

踏切を通過していく宇部興産のダブルストレーラー。日本ではあまり見かけない、アメリカ製のボンネット型トラクターも走っている。

宇部新川駅方面から工場地帯を進んでくると、カーブに「ふみきりあり」の看板が出現する。

歩道用のかわいい遮断桿は、この踏切のチャームポイント。背後に見える専用道路の信号機は黄色がない、青色と赤色のみ。

通常は、道路側の遮断機が上がった状態で、専用道路は塞がれている。トレーラーが近づくと踏切が鳴り始める。

ＪＲ宇部新川駅から港湾側に進み、宇部興産の巨大な工場群をさらに進むと、「ふみきりあり」という看板の先に踏切が現れる。この踏切で交わるのは宇部興産専用道路、正式には「宇部興産 宇部・美祢《みね》高速道路」といい、全長31・94㎞に及ぶ日本一長い私道なのだ。

しばらく待つと踏切が閉まり、1台のトラクターが40トン積みのトレーラーを2台連結して牽引するダブルストレーラーが通過していくシーンは壮観だ。

この踏切は一般道だけでなく専用道路側にも信号機と遮断機がある。宇部興産のトレーラーが近づくと、まず一般道路側の踏切が鳴動し、遮断桿が下りてくる。遮断が完了すると次は専用道路側の遮断桿が上がり、信号が青になってトレーラーが踏切を渡る。2台の続行運転や踏切内でのすれ違いが見られることもある。

おそらく日本一おもしろい踏切！

下関漁港閘門

所在地：山口県
所　属：下関市
場　所：下関市彦島本村町

まずはメイン写真をご覧いただきたい。踏切ファン、交通信号機ファンにとっては、この画像だけで訳が分からなくなるはずだ。遮断機はあるけれど、線路は？ この警報灯なに？ 矢印は？ そして道路浮いてない？ そんな感想を持っていただけるであろう。

この踏切がある下関漁港閘門《こうもん》は、日本海と瀬戸内海の干満差によって生じる激しい潮流を抑制し、漁港の安全性を確保するために建設された。下関市の本土と彦島を隔てる小門海峡にある世界最小のパナマ運河式（高低差が大きい水面を水門で仕切り、水位を同じに調整して船舶を通過させる）水門で、

遮断桿が遮り、信号機のような警報灯が点滅する下関漁港閘門。よく見ると道路が……。

下関漁港閘門の全景。前後のコンクリート製の部分は水門で、水門の上が歩道橋になっている。船が通過する際は、どちらかの水門が閉まっているので、歩行者は開いている側の水門上の歩道橋を通行できる。中央の淡緑色の部分は可動橋。

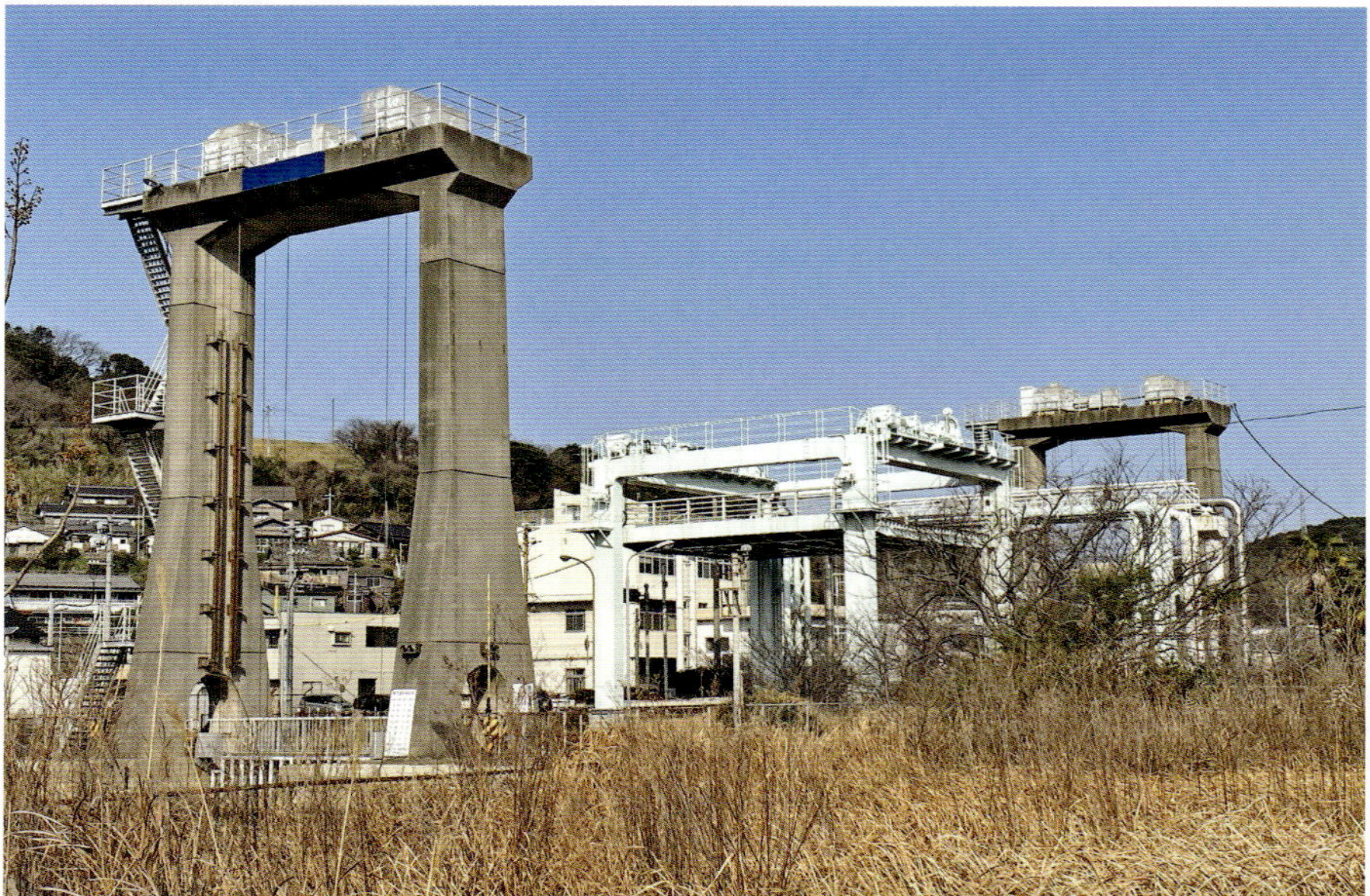

水路は長さ50m、幅8mである。
筆者としては、ギミックやこの場所で使用されている信号機類の特殊性などから、総合的なおもしろさではこの本を執筆している時点でNo.1だ。動画も併せてご覧いただき、ぜひ現地に足を運んでいただきたい「踏切」である。

MOVIE

反対側（彦島側）から見た可動橋部。写真は橋が上がりきった様子。

閘門の脇には自動車の通れる時間を示した看板がある。これ以外の時間、たとえば8時40分から10時50分までは自動車は通れない。

閘門が動く時間になると、信号機横の表示器には「水門」「通行止」と交互に表示され、閘門側に行けない矢印信号となる。

通行可能な時間には、特に減速をすることもなく、自動車がひっきりなく通過する。

可動橋が上がっていく。上がりきると、歩行者が通れない方（矢印信号の指示方向の反対側）の水門が上昇し始める

職員が「車両通行止メ」のバリケードを設置し、少し経つと「踏切のようなもの」が動き始める。「プープープープー!!……」という激しい警報音が鳴り響く。標準的な鉄道の警報灯と比べると、かなりゆっくりと交互に点滅を始め、遮断桿が降りてくる。

閘門を通る船が中央部に入ると、上がっている側の水門が降ろされ、2つの水門の間の水位を調整（注水・排水）。今度は反対側の水門が上昇し、船を通行させる。可動橋の矢印は反対方向に切り替わり、通行できる水門は歩道橋になる。

アーチの内側にある水門が上がった状態。水門が上がる際には遮断機が動作し、違う警報音が鳴る。警報灯の筐体もあまり見かけないタイプ。

高く上がった水門。閘門内に船舶が進入できるようになる。

真っ白になったセメント工場の踏切

監量踏切

所在地：福岡県
所　属：JR九州
路　線：後藤寺線
区　間：船尾～筑前庄内間

　かつて、筑豊炭田で産出された石炭を輸送するため、北九州地区には多くの路線が敷設され、貨物輸送でにぎわっていた。しかし、炭鉱の閉山で多くの路線は廃線となった。その中で、現在もJRの路線として残っているのが後藤寺線である。船尾駅付近には麻生セメント田川工場があり、石灰石の産出が行われている。かつては船尾駅構内に石灰石を満載にした貨車が並んでいたが、すでに鉄道輸送は終えている。とはいえ、大規模な採石場と工場は迫力満点だ。

　船尾駅から線路に沿って進むと、辺りは石灰石で真っ白になっている。そして、その先に監量踏切が現れる。通るのはダンプカーなどが中心だが、踏切警標や遮断機は新しい。石灰石を被って真っ白になりながら頑張っている。

石灰石の採石場が近いため、ゼブラ模様もうっすらと白くなっている。

船尾駅を出て、新飯塚方面へ向かう後藤寺線の単行列車。写真は麻生専用踏切を越えたところ。奥の建物を越えた先に監量踏切がある。

石灰石工場の近くにある監量踏切。渡った先には採石場がある。警標や遮断機は新しいものが備わる。

懐かしい電車と懐かしい踏切

熊本電鉄の踏切

所在地：熊本県
所　属：熊本電鉄
路　線：熊本電鉄
区　間：上熊本～韓々坂《かんかんざか》間ほか

熊本電気鉄道は藤崎線（北熊本～藤崎宮前間2・3km）と菊池線（上熊本～御代志《みよし》間10・8km）の2路線を保有する。実際の運行系統は通称・本線（藤崎宮前～北熊本～御代志間）、通称・上熊本線（北熊本～上熊本間）となっている。藤崎線の藤崎宮前～黒神町間には併用軌道が存在する。そして、現在も多くの電鈴式踏切が活躍している。

車両は6000形（元東京都交通局6000形）、01形（元東京メトロ銀座線01系）、03形（同日比谷線03系）で運転。東京の地下鉄を走ってきた電車たちが、サイドミラーやパンタグラフ、ワンマン装備を搭載し、併用軌道やレトロな踏切たちに囲まれている。

車庫のある北熊本駅では、青ガエルこと5000形（元東急電鉄5000系）やモハ71形など保存車両の姿を見られることもある。おもちゃ箱の中にいるような、とても楽しいローカル鉄道だ。

藤崎宮前駅近く

東京の地下で当たり前に見られた顔が、サイドミラーを身に付け、パンタグラフを頭に乗せ、タイムスリップしたような懐かしい風景の中をのんびり走るギャップがたまらない。

大きな通りの立派な踏切。迫力ある屈折式遮断桿に、道路側は踏切信号方式を採用し、一旦停止義務はない。こんな大きな踏切だが、警報機は電鈴式を使用。電鈴の数、何と6つ！ この時代に6つの電鈴による大合唱が見られるのは、もはやここだけではないだろうか。途中から音がズレてくるのも味がある。

上熊本駅近く

当たり前のように現役の電鈴式踏切。警報灯のみ全方向型に更新されている箇所もある。

上熊本～韓々坂間

あとがき

『踏切の世界』はいかがでしたでしょうか。お気に入りの踏切は見つかりましたか？　私自身、幼い頃から鉄道が大好きで、親の車で踏切にかかると「どんな列車が来るのだろう？」とワクワクしながら列車の通過を待ったものです。

　しかし、大人になるにつれ、普通の踏切で胸を踊らせることは少なくなっていました。踏切熱が再燃したのは、自動車の運転免許を取り、愛車で夜の四日市港をドライブ中に「臨港橋」を発見したときでした。それから、何となくおもしろい踏切を意識するようになり現在に至っています。

　そんな中、遊びで始めたYouTubeチャンネル内にて「変な踏切大集合!!」シリーズを展開していたところ、今回の出版元である天《テ》夢人《ムジン》様からお声がけいただき、本書の執筆に至りました。

　本書の執筆にあたり、踏切について私自身もかなり多くのことを学ばせていただきました。特に東邦電機工業株式会社様の取材においては、日頃見ることができない踏切設備の製造現場で、人々の安全を守るべくたくさんの方々が汗をかき、知恵を出し合い、技術と経験が積み重ねられていることを実感しました。

　これまで、趣味的な視点では、私は「鐘」の踏切やノスタルジックな雰囲気の踏切にばかり目が向いていました。しかし、実際に製造現場にて一つ一つの商品の長所や、気遣い、工夫や努力を見聞きするうち、気付けば東邦電機工業のみならず、交通系信号機・鉄道保安機器メーカーのサイトを見てまわるようになっていました。私の至った結論としては「古いモノ」も「新しいモノ」もどちらも素晴らしい!!ということです。

　新しい設備や技術は、どこか単一的であったり無機質なものに感じることが多いですが、踏切設備に関してはバリエーションが豊富で、奥が深く、どこか温かみもあり、今後も鉄道趣味の一ジャンルとして、充分におもしろい発展が見られると確信しています。

　その一方で、電鐘式、電鈴式などのレトロな踏切、電球を使用し

た警報灯はどんどん希少な存在となっているのも事実です。また、そういった設備の踏切を保有する鉄道路線・鉄道会社は地方のローカル線や中小私鉄に多いです。街を挙げて、また踏切メーカーと協力し、貴重な踏切設備を保存して後世に伝える、街のシンボルとして観光資源に活用する、などの可能性に期待したいところであります。

たとえば、「鐘」の踏切の音色は、中高年の旅行客にはなじみがあり、周囲の環境や通過する鉄道車両の雰囲気と合わせることで充分に観光需要を確立できることと思います。また、SNSなどで積極的にPRをしていけば、レトロさを「かわいい!」と感じるような若い女性客や、踏切に興味を持つ年齢層の子どもを連れた親子連れなど、新規旅客の獲得にも十分に効果を発揮することと思います。

もちろん、部品の確保や保守性、安全性、金銭面などたくさんの壁はあるかと思いますが、何らかの形で残して、積極的に活用していけば、街や鉄道事業者にとって悪いことばかりではないはずです。

鉄道の楽しみは車両だけではありません。駅や街、乗車券、風景、駅の放送にささいな掲示物まで……そんな数え切れないエッセンスが鉄道旅を盛り上げ、その中のひとつが踏切、というジャンルになっていることと思います。

「鉄道の楽しみは無限大!!」

最後に、今回ご協力いただきました東邦電機工業株式会社様、お声がけくださった天夢人様、本書の作成に携わってくださった皆様に心より御礼申し上げます。

２０２１年11月
ｃｈｏｋｋｙ

イカロス出版版の
刊行にあたり

株式会社天夢人とイカロス出版株式会社の合併に伴い、『踏切の世界』は引き続きイカロス出版から刊行していただけることになりました。合わせて、分かる範囲で更新や撤去の情報を追記しました。変わってしまった踏切についても、「かつて、こんな個性的な踏切があったのか」と楽しんでいただけたら幸いです。

2024年9月
chokky

chokky
1986年静岡県生まれ。会社員。
鉄道おもしろ設備・鉄道模型遊びを中心とするYouTubeチャンネルを運営。
チャンネル登録者数約1万人。
人気動画「変な踏切大集合」シリーズでは累計再生数250万回を更新中。

本書は、株式会社天夢人が2021年12月に刊行した旅鉄BOOKS 051『踏切の世界』を再編集したものです。

編集 ◉ 林 要介
ブックデザイン ◉ 天池 聖（drnco.）
校閲 ◉ 武田元秀

旅鉄BOOKS PLUS 002

踏切の世界

2024年9月20日　初版第1刷発行

著　者　chokky
発行人　山手章弘
発　行　イカロス出版株式会社
〒101-0051　東京都千代田区神田神保町1-105
contact@ikaros.jp（内容に関するお問合せ）
sales@ikaros.co.jp（乱丁・落丁、書店・取次様からのお問合せ）

印刷・製本　日経印刷株式会社

Printed in Japan
ISBN978-4-8022-1495-7